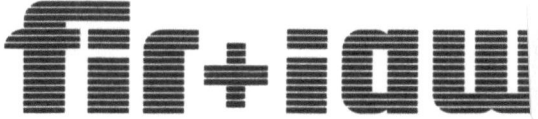 

Forschung für die Praxis • Band 47

Berichte aus dem
Forschungsinstitut für Rationalisierung (FIR)
und dem Lehrstuhl und Institut
für Arbeitswissenschaft (IAW)
der Rheinisch-Westfälischen
Technischen Hochschule Aachen

Herausgeber:
Univ.-Prof.
Dr.-Ing. Dipl.-Wirt.-Ing. Walter Eversheim

H. Passinger

PPS in Formereien

Mit 110 Abbildungen

Springer-Verlag Berlin Heidelberg GmbH

Dipl.-Ing. Henrik Passinger

Wissenschaftlicher Mitarbeiter im Forschungsinstitut für Rationalisierung
an der Rheinisch-Westfälischen Technischen Hochschule Aachen

Univ.-Prof. Dr.-Ing. Dipl.-Wirt.-Ing. Walter Eversheim

Direktor des Forschungsinstituts für Rationalisierung an der Rheinisch-
Westfälischen Technischen Hochschule Aachen

D 82 (Diss. TH Aachen)

Entwicklung von Entscheidungshilfen für die organisatorische Gestaltung des Produktionsplanungs- und -steuerungssystems in Formereiarbeitssystemen

ISBN 978-3-540-55423-3   ISBN 978-3-662-09393-1 (eBook)
DOI 10.1007/978-3-662-09393-1

Dieses Werk ist urheberrechtlich geschützt. Die dadurch begründeten Rechte, insbesondere die der Übersetzung, des Nachdrucks, des Vortrags, der Entnahmen von Abbildungen und Tabellen, der Funksendung, der Mikroverfilmung oder der Vervielfältigung auf anderen Wegen und der Speicherung in Datenverarbeitungsanlagen, bleiben, auch bei nur auszugsweiser Verwertung, vorbehalten. Eine Vervielfältigung dieses Werkes oder von Teilen dieses Werkes ist auch im Einzelfall nur in den Grenzen der gesetzlichen Bestimmungen des Urheberrechtsgesetzes der Bundesrepublik Deutschland vom 9. September 1965 in der jeweils gültigen Fassung zulässig. Sie ist grundsätzlich vergütungspflichtig. Zuwiderhandlungen unterliegen den Strafbestimmungen des Urheberrechtsgesetzes.

© Springer Verlag Berlin Heidelberg 1992
Ursprünglich erschienen bei Springer-Verlag Berlin Heidelberg New York 1992.

Die Wiedergabe von Gebrauchsnamen, Handelsnamen, Warenbezeichnungen usw. in diesem Werk berechtigt auch ohne besondere Kennzeichnung nicht zu der Annahme, daß solche Namen im Sinne der Warenzeichen- und Markenschutz-Gesetzgebung als frei zu betrachten wären und daher von jedermann benutzt werden dürften.

Sollte in diesem Werk direkt oder indirekt auf Gesetze, Vorschriften oder Richtlinien (z.B. DIN, VDI, VDE) Bezug genommen oder aus ihnen zitiert worden sein, so kann der Verlag keine Gewähr für Richtigkeit, Vollständigkeit oder Aktualität übernehmen. Es empfiehlt sich, gegebenenfalls für die eigenen Arbeiten die vollständigen Vorschriften oder Richtlinien in der jeweils gültigen Fassung hinzuzuziehen.

Gesamtherstellung:
Becker-Kuns · Druck + Verlag GmbH · Peliserkerstr. 86 · 5100 Aachen · Tel. 0241 / 153767
60 / 3020-543210

Vorwort des Herausgebers

"Da Rationalisierung immer eine Frage der Praxis ist, muß die Industrie zur Mitarbeit bereit sein." Als Professor Dr.-Ing. dres. h. c. Herwarth Opitz 1952 diese Aussage formulierte, legte er sinnbildlich den Grundstein für das Forschungsinstitut für Rationalisierung und dessen Orientierung an den Erfordernissen der Unternehmen der bundesdeutschen Wirtschaft. Im Forschungsverbund mit dem Lehrstuhl und Institut für Arbeitswissenschaft der Rheinisch-Westfälischen Technischen Hochschule Aachen entwickeln und realisieren die Mitarbeiter der Institute Konzepte der Betriebs- und Arbeitsorganisation. Dem Industriekontakt fällt dabei ein ungebrochen hoher Stellenwert zu.

Die charakteristische Ausprägung seiner Forschung in Betriebs- und Arbeitsorganisation erfährt der FIR+IAW-Verbund in seiner Brückenfunktion zwischen den humanen und technologischen Aspekten des Forschungsgegenstandes. Mehr denn je erfordern soziale und politische Veränderungen grundlegende Strategien, um verschiedene Rationalisierungsmaßnahmen aufeinander abzustimmen und koordiniert zu realisieren. Dabei wird als Ziel eine Integration von Informationswerkzeugen, Mitarbeitern und Management angestrebt.

Der Erfolg dieses Bemühens ist unter anderem davon abhängig, inwieweit es gelingt, maßgebliche Tendenzen künftiger Anforderungen an die Unternehmen aufzuspüren und in die wissenschaftliche Arbeit einzubinden. Für die 90er Jahre werden voraussichtlich zwei Entwicklungen von entscheidender Bedeutung sein: Einerseits expandiert der Absatzmarkt durch die Schaffung des europäischen Binnenmarktes und die politischen Veränderungen im Osten. Andererseits führt eine verschärfte Konkurrenzsituation zu steigendem Qualitätsbewußtsein und größerer Dienstleistungsbereitschaft. Weitere Anforderungen liegen im Trend zu kürzeren Arbeitszeiten, im Mangel an qualifiziertem Fachpersonal und im wachsenden ökologischen Bewußtsein.

Um allen Interessierten in Wirtschaft, Verbänden, Verwaltung und Wissenschaft, insbesondere auch den Unternehmen grundlegende Ergebnisse der betriebs- und arbeitsorganisatorischen Forschung zugänglich zu machen, wurde die Reihe "fir+iaw-Forschung für die Praxis" konzipiert. Der vorliegende Band setzt die Buchreihe fort, die,

1985 ins Leben gerufen, inzwischen zu einem Kompendium zentraler Ergebnisse der humanorientierten Rationalisierungsforschung wurde.

Dem Verfasser danke ich für sein Bemühen zum Erfolg dieses Bandes, dem Verlag für die Aufnahme des Titels in sein Programm und allen anderen Beteiligten für ihren Beitrag zum Gelingen dieser Publikation.

Walter Eversheim

Inhaltsverzeichnis

1.	Einleitung und Zielsetzung	1
2.	Begriffsdefinitionen und Stand der Erkenntnisse	3
2.1	Organisatorische Gestaltung	3
2.2	Formereiarbeitssystem	3
2.3	Funktionale Gliederung von PPS- und Ausführungssystem	7
2.3.1	PPS-System	7
2.3.2	Ausführungssystem	13
2.4	Stand der Erkenntnisse zur organisatorischen Gestaltung der PPS in Formereiarbeitssystemen	17
3.	Ansatz und Vorgehensweise zur Entwicklung der Entscheidungshilfen	22
3.1	Der situative Ansatz	22
3.2	Arbeitsschritte	26
4.	Konzeptualisierung und Operationalisierung des Untersuchungsgegenstandes	28
4.1	Situationsmerkmale	28
4.2	Organisatorische Gestaltungsaspekte	35
4.2.1	Organisatorische Gestaltungsaspekte zum PPS-System	37
4.2.2	Organisatorische Gestaltungsaspekte zum Ausführungssystem	40
5.	Datenerhebung	44
5.1	Abgrenzung des Untersuchungsfeldes	44
5.2	Erhebungstechnik	44

6.	Datenauswertung	47
6.1	Methode der Clusteranalyse	47
6.2	Aufbereitung der Ausgangsdaten	48
6.3	Festlegung der Ähnlichkeitsmaße	53
6.4	Auswahl eines Klassifikationsverfahrens	55
6.5	Darstellung der Situationstypen	57
6.6	Darstellung von PPS- und Ausführungssystemtypen	63
6.6.1	Prinzip der mehrstufigen Datenverdichtung	68
6.6.2	Darstellung von PPS-Typen	68
6.6.3	Darstellung von Ausführungssystemtypen	89
7.	Ableitung von Entscheidungshilfen für die organisatorische Gestaltung des PPS-Systems in Formereiarbeitssystemen	90
7.1	Analyse der Signifikanz von Entwicklungstrends und der Zusamenhänge zwischen PPS-Typen, Situationstypen und Ausführungssystemtypen	90
7.2	Darstellung des Zusammenhangs zwischen dem Ausführungssystem - Gegenwart und dem Ausführungssystem - Zukunft	93
7.3	Überprüfung des Zusammenhangs zwischen Situationstypen, Ausführungssystemtypen - Zukunft und PPS-Typen hinsichtlich der PPS-Zielgrößen	95
7.3.1	Situationstypen und Ausführungssystemtypen	96
7.3.2	Situationsmerkmale und PPS-Typen	97
7.4	Vorgehensweise zur Anwendung der Entscheidungsgrundlagen	112
8.	Exemplarische Anwendung der Entscheidungshilfen	121
9.	Zusammenfassung	125

10. Literatur 129

Anhang

1. Einleitung und Zielsetzung

Das Fertigungsverfahren Gießen, das als Urformen einen direkten Weg vom Rohstoff zum Produkt ermöglicht, steht heute in scharfer Konkurrenz mit anderen Verfahren (z. B. dem Schweißen) und anderen Werkstoffen (z. B. Polymerbeton). Weiterhin treffen die inländischen Gießereiunternehmen neben der nationalen Konkurrenz immer häufiger internationale Mitbewerber auf dem heimischen Markt an (vgl. BERMIG 1988, S. 329).

Diese Trends zu substituierenden Verfahren und Materialien sowie verstärkte in- und ausländische Konkurrenz führten in den letzten Jahren dazu, daß sich die Anzahl der Eisen-, Stahl- und Tempergießereien erheblich reduziert hat (Abbildung 1-1).

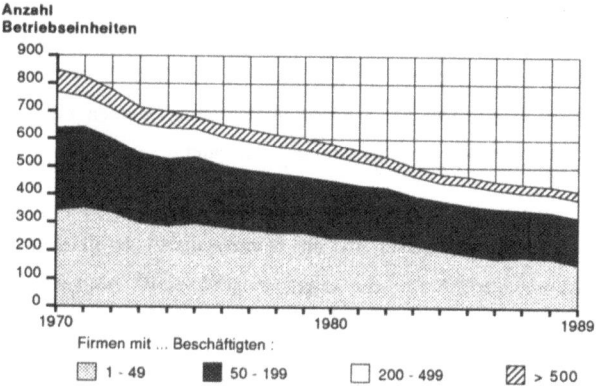

Abb. 1-1:   Entwicklung der bundesdeutschen Eisen-, Stahl- und Tempergießereien (vgl. VDG 1990).

Mit dem Ziel diesen veränderten Marktanforderungen gerecht zu werden, wurde in den letzten Jahren in weiten Bereichen der Gießerei in Mechanisierung und Automatisierung investiert, so daß in vielen Gießereiunternehmen mit überwiegend handwerklichen Fertigungsabläufen neue industriell orientierte Fertigungsmethoden und -abläufe eingeführt wurden (vgl. BENTLER 1990, S.1). Mit dieser Entwicklung nahmen aber auch die Anforderungen an die organisatorische Beherrschung der

Leistungserstellungsprozesse in Gießereien zu, wobei Ziele wie hohe Termintreue, Transparenz des Betriebsgeschehens, kurze Durchlaufzeiten und hohe Auslastung kapitalintensiver Maschinen und Anlagen heute von gleich hoher Bedeutung wie qualitativ hochwertiger und preisgünstiger Guß sind.

Gerade aber bei der Realisierung dieser Ziele sind heute in der Gießereiindustrie erhebliche Defizite erkennbar, die ursächlich auf nicht situations- bzw. anforderungsgerecht gestaltete Organisationsformen zur betrieblichen Leistungserstellung zurückzuführen sind.

Dieses gilt in besonderem Maße für die organisatorische Gestaltung des Systems der Produktionsplanung und -steuerung (PPS) in Formereiarbeitssystemen, die den Kernbereich der Produktion in Gießereien mit verlorenen Formen darstellen.

Ziel dieser Arbeit ist es deshalb, Entscheidungshilfen für die der betrieblichen Situation angemessene organisatorische Gestaltung des PPS-Systems in Formereiarbeitssystemen zu entwickeln. Als Untersuchungsbereich werden Eisen-, Stahl- und Tempergießereien mit verlorenen Sandformen betrachtet.

2. Begriffsdefinitionen und Stand der Erkenntnisse

2.1 Organisatorische Gestaltung

Das Verständnis über die organisatorische Gestaltung von Arbeitssystemen lehnt sich an REFA (1985 a, S. 70) an, wo Gestaltung als das "... Schaffen eines aufgabengerechten optimalen Zusammenwirkens von arbeitenden Menschen, Betriebsmitteln und Arbeitsgegenständen durch zweckmäßige Organisation von Arbeitssystemen..." unter Beachtung wirtschaftlicher und humaner Randbedingungen (vgl. REFA 1985 b, S. 12) aufgefaßt wird.

Die hier dargestellte Auffassung wird in den Ingenieurwissenschaften auch im Rahmen des Begriffes "Betriebsorganisation" gefaßt. Dabei umfaßt die Betriebsorganisation die "... Planung, Gestaltung und Steuerung von Arbeitssystemen mit dem Ziel der Schaffung eines wirtschaftlichen und humanen Betriebsgeschehens" (vgl. REFA 1985 c, S. 73).

Da es sich bei der Gestaltung komplexer Arbeitssysteme um arbeitsteilige Systeme handelt, stehen zwei Fragenkomplexe im Vordergrund. Zum einen geht es um die Bildung funktionsfähiger Arbeitssysteme mit den Teilsystemen und deren aufgabenmäßiger Strukturierung. Dieser Fragenkomplex wird als Aufbauorganisation bezeichnet. "Wer ist wofür zuständig?" ist hier die typische Frage. Im zweiten Fragenkomplex werden die zur Aufgabenerfüllung erforderlichen Arbeitsvorgänge zielerreichungsmäßig strukturiert. Dieser als Ablauforganisation bezeichnete Aspekt wird durch die Frage "Wie sollen die Aufgaben erfüllt werden?" bestimmt (vgl. HACKSTEIN 1988, S. 11).

2.2 Formereiarbeitssystem

Das Formereiarbeitssystem soll allgemein zunächst als eine abgegrenzte, zielorientierte Gesamtheit von Elementen und deren Beziehungen untereinander verstanden werden (vgl. DIN 19226; VDI 1983, S. 176; REFA 1985 b, S. 93). Insofern kann zunächst die Forderung nach Zielorientiertheit zur Abgrenzung des Arbeitssystems Formerei gegenüber anderen Arbeitssystemen herangezogen werden. Das Formereiarbeitssystem ist dabei ein komplexes System, das entsprechend den mit dem Arbeitssystem verfolgten Zielen in miteinander verbundene Teilsysteme dargestellt werden kann.

PAFFENHOLZ (1973, S. 38) differenziert in diesem Zusammenhang Ziele in Sachziele und Formalziele, wobei i. d. R. mehrere Sachziele mit jeweils mehreren Formalzielen verfolgt werden. Im speziellen kann man Sachziele aber auch isoliert betrachten, wobei aber mehrere u. U. konkurrierende Formalziele gleichzeitig zu berücksichtigen sind.

Für den hier vorliegenden Untersuchungsgegenstand wird deshalb in Anlehung an BENTLER (1990, S. 8) als Sachziel des Arbeitssystems Formerei die: "... Herstellung fertiger Sandformen, deren Abguß mit nachfolgender Abkühlung und dem Ausschlagen der Rohgußteile" festgelegt.

Wichtige Formalziele, die häufig im Zusammenhang mit dem Arbeitssystem-Formerei und speziell beim Ausführungssystem genannt werden, sind in Abbildung 2-1 links aufgeführt.Standen diese Formalziele bis vor wenigen Jahren eindeutig im Vordergrund, so wird heute aufgrund der gestiegenen Anforderungen, insbesondere bei der organisatorischen Beherrschung des Arbeitssystems Formerei, ein erheblich erweiterter Umfang an Formalzielen aufgeführt (vgl. ABELS/PASSINGER 1989 b, S. 706).

Entsprechend dieser Ableitung ist es für die weiteren Betrachtungen sinnvoll, das Formereiarbeitssystem in die Teilsysteme PPS-System und Ausführungssystem zu differenzieren. Unter dem PPS-System wird hier ein komplexes, probabilistisches, soziotechnisches Informationssystem zur organisatorischen Planung, Steuerung und Überwachung der Produktionsabläufe unter Mengen-, Termin- und Kapazitätsgesichtspunkten verstanden (vgl. REFA 1985, S. 50). HACKSTEIN (1989 b, S. 5 ff.) differenziert PPS-Systeme weiter in die Teilaufgaben Produktionsplanung und Produktionssteuerung. Das Ausführungssystem wird im Sinne von REFA (1985, S.

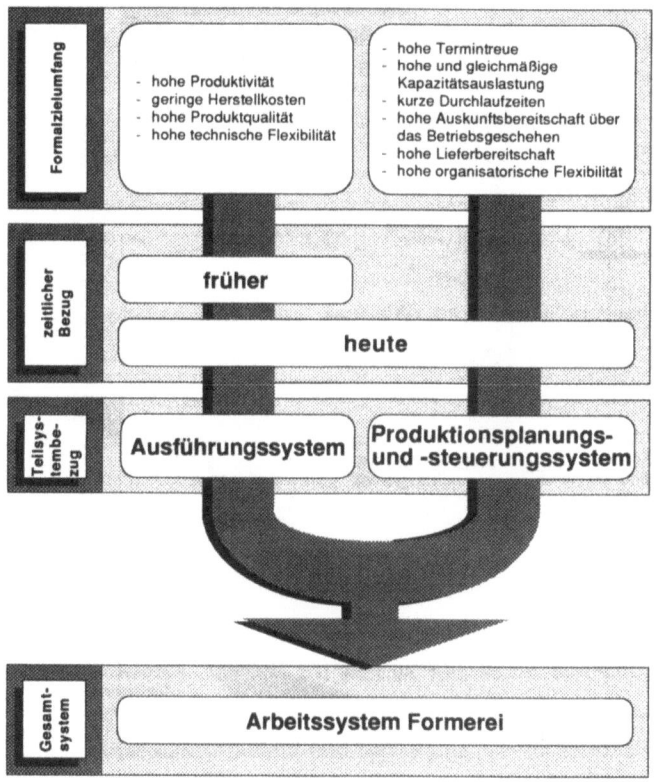

Abb. 2-1: Formalzielumfang des Formereiarbeitssystems.

50 f.) als materielles System aufgefaßt, in dem physikalische Veränderungen von Arbeitsgegenständen stattfinden.

Bezüglich der Beziehungen zwischen PPS- und Ausführungssystem soll von dem in Abbildung 2-2 dargestellten abstrahierten Systemmodell ausgegangen werden. Eingehende Fertigungsaufträge werden im Rahmen der Produktionsplanung termin- und kapazitätsmäßig in das Ausführungssystem Formerei eingeplant. Die Planungsergebnisse werden in Form von terminlich bestimmten Fertigungsaufträgen an die Produktionssteuerung weitergeleitet. Durch die Produktionssteuerung - auch als

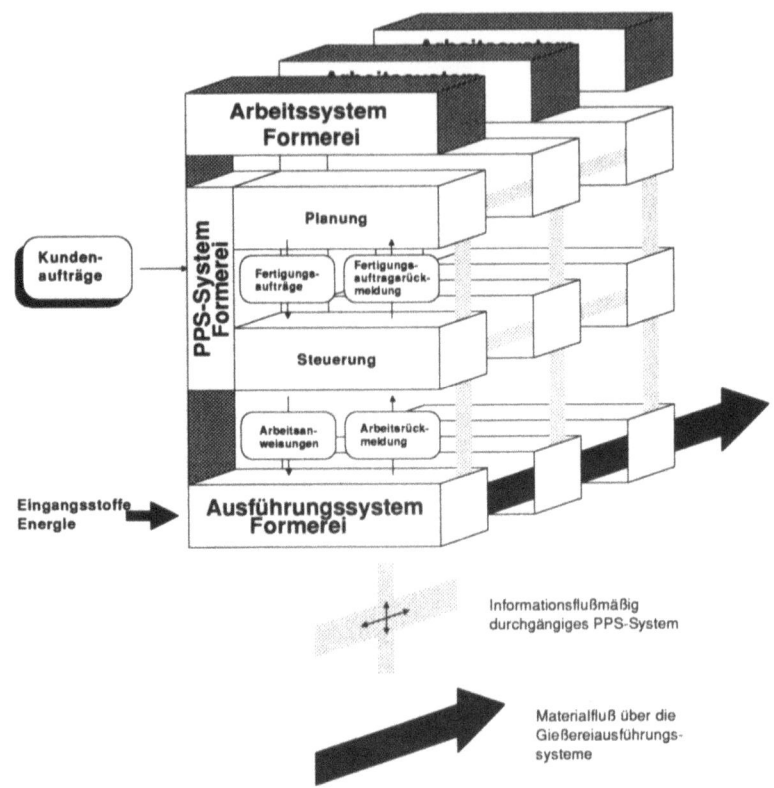

Abb. 2-2: Beziehungen zwischen PPS- und Ausführungssystem.

Werkstattsteuerung verstanden (vgl. STRACK 1987, S. 9) - werden die Fertigungsaufträge in Arbeitsanweisungen umgesetzt und an das Ausführungssystem weitergeleitet. Nach der Umsetzung der Arbeitsanweisungen durch das Ausführungssystem wird die Ausführung an das Steuerungssystem zurückgemeldet. Hier werden die Arbeitsanweisungen mit den Arbeitsrückmeldungen in einem Soll/Ist-Vergleich verglichen. Bei Abweichungen werden erneut Arbeitsanweisungen an das Ausführungssystem erteilt (z. B. Nacharbeit). Von der Produktionssteuerung werden die Ergebnisse des Soll-/Ist-Vergleiches in Form von Fertigungsauftragsrückmeldungen an das Planungssystem zurückgemeldet. Dort werden die Fertigungsaufträge dann erneut in das Ausführungssystem Formerei und/oder in andere Ausführungssysteme im Produktionsablauf eingeplant.

Das hier betrachtete PPS-System soll sich allein auf das Ausführungssystem Formerei beziehen. Es wird davon ausgegangen, daß das formereibezogene PPS-System ein Teilsystem innerhalb eines vom Auftragseingang bis zum Versand des Gusses informationsflußmäßig durchgängigen PPS-Gesamtsystems ist. Die anderen PPS-Teilsysteme beziehen sich demzufolge auf die der Formerei vor- und nachgelagerten Ausführungssysteme.

2.3 Funktionale Gliederung von PPS- und Ausführungssystem

Wurde bisher aufgezeigt, daß das Arbeitssystem Formerei in die miteinander verbundenen Teilsysteme PPS-System und Ausführungssystem strukturiert werden kann, so erfordert die organisatorische Gestaltung eine grundlegende Analyse der in den Teilsystemen durchgeführten Aufgaben bzw. Funktionen.

Eine solche teilsystembezogene, funktionale Gliederung erscheint notwendig, weil die gegenseitige Verflechtung einzelner Aufgaben eine systematische Analyse erheblich erschweren würde. KOSIOL (1962, S. 63) setzt die gedankliche funktionale Zerlegung eines gegebenen komplex strukturierten Aufgabenbereiches für eine organisatorische Gestaltung sogar voraus. Deshalb wird nachfolgend eine funktional orientierte Gliederung der Teilsysteme Planung, Steuerung und Ausführung vorgenommen.

2.3.1 PPS-System

Über die Gliederung, den Umfang und die Zuordnung von Funktionen zum Planungs- und Steuerungssystem findet man auf einer unteren Funktionsgliederungsstufe unterschiedliche Auffassungen (vgl. SCHOMBURG 1980, S. 18; VDG 1983, S. 3; SPEITH 1982, S. 10; AWF 1985, S. 10; STRACK 1983, S. 47 f.; VIRNICH 1988, S. 22; FÖRSTER 1988, S. 16 f.; HACKSTEIN 1989 a, S. 161). Eine einheitliche Auffassung findet man jedoch auf einer Differenzierungsebene direkt unterhalb der beiden Begriffe Planung und Steuerung (Abbildung 2-3).

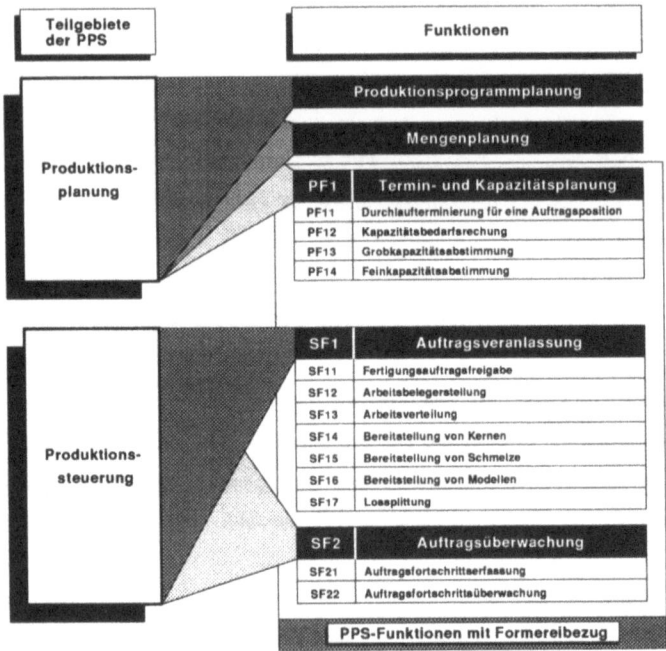

Abb. 2-3:   PPS-Funktionsumfang im Formereiarbeitssystem.

Mit dem hier aufgezeigten Funktionsumfang soll grundsätzlich die gesamte technische Auftragsabwicklung von der Angebotserstellung bis zum Versand für alle tangierten bzw. Ausführungssystem umfassend unterstützt werden (vgl. HACKSTEIN 1989 a, S. 159). Um einzelne Betriebsbereiche - hier das Ausführungssystem Formerei - zu unterstützen, zeigt VIRNICH (1988, S. 23 f.) auf, daß es sinnvoll ist, PPS-Funktionen in solche mit

- bereichübergreifender Relevanz und
- bereichsinterner Relevanz

zu ordnen. In diesem Sinne können insbesondere den Funktionen Produktionsprogrammplanung und Mengenplanung eine bereichsübergreifende Relevanz zugeordnet werden, während bei den Funktionen Termin- und Kapazitätsplanung, Auftragsveranlassung und Auftragsüberwachung ein deutlicher bereichsinterner Bezug herausgestellt werden kann.

Da im Rahmen der vorliegenden Arbeit das PPS-System organisatorisch gestaltet werden soll, werden nachfolgend nur die PPS-Funktionen und Subfunktionen weiter betrachtet, die einen bereichsinternen Bezug und einen Bezug zu materialflußmäßig unmittelbar angrenzenden Ausführungssystemen haben. Insofern werden nachfolgend ausschließlich die Funktionen Termin- und Kapazitätsplanung, Auftragsveranlassung und Auftragsüberwachung in die Untersuchung einbezogen[1]. Diesen Funktionen werden Subfunktionen zugeordnet, die nachfolgend näher beschrieben werden.

Die Differenzierung der PPS-Funktionen in Subfunktionen geht zunächst von HACKSTEIN (1989 a, S. 161) aus. Im Verlauf von Pretests wurde aber festgestellt, daß einige der dort aufgeführten Subfunktionen in Bezug auf das Ausführungssystem Formerei differenzierter betrachtet werden müssen, wohingegen andere Subfunktionen von geringerer Bedeutung sind, so daß diese aus der Untersuchung ausgeschlossen werden.

PF_1 - Termin- und Kapazitätsplanung:

Die Funktion Termin- und Kapazitätsplanung umfaßt alle Subfunktionen, mit deren Hilfe eine termin- und kapazitätsmäßige Einplanung der Fertigungsaufträge vorgenommen werden kann. Das Ergebnis der Termin- und Kapazitätsplanung sind terminlich festgelegte Fertigungsaufträge und Vorschläge über die Arbeitsverteilung (vgl. SPEITH 1982, S. 25).

PF_{11} - Bei der Durchlaufterminierung werden die Start- und Endtermine der Fertigungsaufträge und ihrer Arbeitsvorgänge ermittelt. Hierbei geht man idealerweise von vorgeplanten, im Arbeitsplan enthaltenen Bearbeitungszeiten (Vorgabezeiten) und vergangenheitsbezogenen Übergangszeiten aus und weist die Arbeitsvorgänge den Kapazitäten zu. Häufig findet man aber in Gießereien die Situation vor, daß derartige

---

[1] Zur Definition der Funktionen Produktionsprogramm- und Mengenplanung vgl. HACKSTEIN (1989 a, S. 16).

Zeitvorgaben als Planungsgrundlage nicht vorliegen. Hier wird dann von groben betrieblichen Erfahrungswerten, häufig mit der Dimension [Kästen, Formen/Woche], ausgegangen.

PF_{12} - Mit der Kapazitätsbedarfsrechnung wird aus den terminierten Arbeitsvorgängen der Kapazitätsbedarf der einzelnen Kapazitäten je Planungsperiode errechnet. Hierzu werden die Kapazitätsbedarfe der einzelnen Arbeitsvorgänge je Kapazität und Periode summiert und dem Kapazitätsangebot der Kapazität gegenübergestellt.

PF_{13} - Pretests haben gezeigt, daß es sinnvoll ist, die Subfunktion Kapazitätsabstimmung (vgl. HACKSTEIN 1989 a, S. 161) in Grob- und Feinkapazitätsabstimmung zu differenzieren. Im Rahmen der Kapazitätsabstimmung wird grundsätzlich versucht, den Kapazitätsbedarf je Periode dem Kapazitätsangebot und umgekehrt anzupassen (vgl. STOMMEL 1976, S. 8). Bei der Grobkapazitätsabstimmung wird die Formerei i. d. R. als eine Kapazitätseinheit betrachtet und nicht weiter in Einzelkapazitätseinheiten (Abformkapazität, Kerneinlegekapazität, Abgußkapazität) differenziert. Weiterhin wird bei der Grobkapazitätsabstimmung eine größere Planungsperiode gewählt (1 - 4 Wochen). Innerhalb dieses Zeitrasters wird der Formereikapazitätsbedarf sowohl auf die ver- und entsorgenden Bereiche als auch im Hinblick auf das verfügbare Formereikapazitätsangebot abgestimmt.

PF_{14} - Bei der Feinkapazitätsabstimmung werden Einzelkapazitäten der Formerei betrachtet und ein Zeitraster bis zu einem halben Tag angelegt. D. h., daß nach Ablauf eines Halbtages (≙ eine halbe Schicht) die Kapazitäten für den nächsten Halbtag oder aber auch 1 - 2 Tage rollierend aufeinander abgestimmt werden. Gerade diese Feinkapazitätsabstimmung stellt sich in vielen Gießereien als komplexes Planungsproblem dar, weil hier i. d. R. nicht nur eine Formerei auf die ver- und entsorgenden Bereiche abgestimmt werden muß, sondern simultan weitere Formereien auf die gleichen ver- und entsorgenden Bereiche abgestimmt werden müssen. Zudem sind metallurgische Randbedingungen zu berücksichtigen, die eine Reihenfolge der Erschmelzung und damit auch eine Reihenfolge des Abformens festlegen. Das Ergebnis der Feinplanung ist dann ein in einem Zeitraum von 1 - 2 Tagen abzuarbeitender Fertigungsplan, wobei hier schon die Abarbeitungsreihenfolge der Fertigungsaufträge festgelegt ist. Da sich im Verlauf der Untersuchung zeigte, daß eine sukzessive Durchführung der Funktionen Kapazitätsabstimmung und Reihenfolgeplanung im Untersuchungsbereich nicht durchgeführt wurde, wird die Funktion Reihenfolgeplanung hier nicht explizit als Subfunktion eingeführt, sondern als integraler Bestandteil der Subfunktion Feinkapazitätsabstimmung angesehen.

SF_1 - Auftragsveranlassung:

Unter der Funktion Auftragsveranlassung sind alle Subfunktionen zusammengefaßt, um die im Planungssystem erstellten und terminierten Fertigungsaufträge durchzusetzen. Insbesondere werden hier Anpassungen der Planungsvorgaben wegen auftretender Abweichungen in Folge von ausführungssysteminternen und -externen Störungen vorgenommen (vgl. SPEITH 1982, S. 27).

SF_{11} - Die Fertigungsauftragsfreigabe ermittelt die in einem Terminbereich liegenden Fertigungsaufträge. Weiterhin werden Freigabekriterien wie z. B. das Vorhandensein von Material, Kernen, Modellen, Personal, Maschinen etc. überprüft. Werden alle relevanten Kriterien erfüllt, wird der Fertigungsauftrag an die Leitung des Ausführungssystems freigegeben bzw. als abarbeitbar klassifiziert.

SF_{12} - Arbeitsbelege werden zur Ausgabe an das operative Personal, aber auch in Form von Listen an das Leitungspersonal des Ausführungssystems verteilt. Die Arbeitsbelegerstellung soll, vor allem im Hinblick auf zukünftige Entwicklungen, nicht nur als Erstellung einer Hardcopy verstanden werden. Arbeitsbelege können auch in Form von Bildschirmmasken zur Verfügung gestellt werden. Typische Arbeitsbelege sind Terminkarten, Laufkarten, Material-, Lohn- und Rückmeldescheine. Vielfach wird aber auch nur eine Liste der abzuarbeitenden Fertigungsaufträge ausgegeben. Die Informationsweitergabe an das operative Personal erfolgt dann häufig mündlich.

SF_{13} - Im Verlauf der Arbeitsverteilung wurden die zur Durchführung der Fertigungsaufträge notwendigen Informationen an das operative Personal weitergegeben. Arbeitsverteilung beschränkt sich dabei nicht nur auf die Weitergabe von z. B. Terminen und produktionstechnischen Hinweisen, sondern auch auf die personelle Zuordnung von bestimmten Aufgaben.

SF_{14} - Lossplittung bezeichnet den Vorgang, daß ein Fertigungsauftrag in mehrere Teilfertigungsaufträge geteilt wird. Lossplittung wird der Funktion Auftragsveranlassung zugeordnet, weil in der Praxis festgestellt wurde, daß Lossplittung häufig als Steuerungsmaßnahme beim Auftreten von Störungen angewendet wird.

SF_{15} - Die Bereitstellung von Kernen umfaßt alle Maßnahmen, die dazu notwendig sind, um Kerne zum Ausführungssystem zu transportieren und termingerecht bereitzustellen.

SF_{16} - Für Schmelze gilt SF_{15} analog.

SF_{17} - Für Modelle gilt SF_{15} analog.

SF_2 - Auftragsüberwachung:
Im Rahmen der Auftragsüberwachung werden abgearbeitete, angearbeitete oder abgebrochene Fertigungsaufträge für Zwecke der Termin- und Kapazitätsübersicht erfaßt und hinsichtlich Menge und Termin ausgewertet.

SF_{21} - Zu der Subfunktion Auftragsfortschrittserfassung wird der im Ausführungssystem stattfindende Arbeitsfortschritt (vgl. VDI 1983, S. 111) erfaßt und zum Zweck der Auswertung weitergeleitet.

SF_{22} - Die in der Auftragsfortschrittserfassung gemeldeten Daten werden in der Auftragsfortschrittsüberwachung hinsichtlich Menge und Termin zunächst in einem Soll-/Ist-Vergleich kontrolliert. Die Ergebnisse dieser Vergleiche werden zur Einleitung von sichernden Maßnahmen der Planung und Steuerung wieder zur Verfügung gestellt (vgl. SCHOMBURG 1980, S. 20).

2.3.2 Ausführungssystem

Vom Ausführungssystem wird ein wesentlicher Einfluß auf die organisatorische Gestaltung des PPS-Systems erwartet. Aufgrund der Vielzahl unterschiedlich gestalteter Ausführungssysteme und dem damit verbundenen unterschiedlichen Einfluß auf die organisatorische Gestaltung von PPS-Systemen erscheint es notwendig, typische Realformen von Ausführungssystemen zu ermitteln. Hierzu muß das Ausführungssystem in seiner Gestaltung zunächst hinsichtlich seiner Funktionen bestimmt und strukturiert werden.

Die Bestimmung und Strukturierung der Funktionen muß sich daran orientieren, daß
- eine Abgrenzung gegen vor-, neben- und nachgelagerte Ausführungssysteme hinsichtlich des Funktionsumfanges getroffen wird,
- eine im Hinblick auf die Fragestellung hinreichend differenzierte Funktionsstruktur gefunden wird,
- ein wesentlicher Arbeitsfortschritt in einer Funktion zusammengefaßt wird,
- mit der gefundenen Funktionsstruktur unterschiedliche Ausführungssysteme einheitlich abgebildet werden können,
- mit der Funktionsstruktur auch zukünftige Ausführungssysteme abgebildet werden können und
- die Datenerhebung unter den gegebenen Randbedingungen (Aufwand, Zeit, etc.) durchführbar ist.

Über den Funktionsumfang, der dem Ausführungssystem Formerei zugeordnet werden kann, gibt es unterschiedliche Auffassungen. Im Rahmen einer engeren Auffassung wird als Ausführungssystem Formerei allein der Vorgang des Abformens betrachtet. Geht man aber von dem zuvor formulierten Sachziel aus, so findet man materialflußmäßige Schnittstellen, die das Ausführungssystem gegen andere Ausführungssysteme hinreichend abgrenzen (Abbildung 2-4), so daß das Ausführungssystem innerhalb dieser Schnittstellen in seiner Funktionalität problemadäquat dargestellt werden kann. Zur Differenzierung des Ausführungssystems in Ausführungsfunktionen wurde zunächst ein unstrukturierter Maximalkatalog von Funktionen erarbeitet, die im Ausführungssystem auftreten können. Die Funktionen in diesem

Maximalkatalog wurden in anschließenden intensiven Expertengesprächen im Hinblick auf ihre Problemrelevanz erörtert und strukturiert. Als Ergebnis dieser Arbeiten kann der Funktionsumfang und die Funktionsstruktur zum Ausführungssystem entsprechend Abbildung 2-5 dargestellt werden.

AF_1-Rüsten:

Im Rahmen der Funktion Rüsten wird das Ausführungssystem für die Erfüllung der Arbeitsaufgabe vorbereitet sowie in den ursprünglichen Zustand zurückversetzt (vgl. REFA 1985 d, S. 21).

AF_2 - Formstoffabstützung zuführen:

Die Funktion Formstoffabstützung zuführen faßt alle vorbereitenden Aufgaben zusammen, die für die Funktion Formstoff zugeben notwendig sind.

AF_3 - Formstoff zugeben:

Die Funktion Formstoff zugeben umfaßt alle Subfunktionen die notwendig sind, um das Abformwerkzeug abformfertig mit Formstoff zu bedecken. Als Formgrundstoff wird Sand in Form von synthetischem als auch natürlichem Sand eingesetzt. Einige Verfahren benötigen zur Erstellung des Formstoffes keine weiteren Zugaben zum Binden des Sandes (z. B. Magnetformverfahren, Vakuumformverfahren). Bei den heute dominierenden Verfahren werden anorganische Binder (Tone, etc.) und organische Binder (Furan-, Phenolharze, etc.) eingesetzt, um als Mischung mit dem Sand die erforderlichen technologischen Eigenschaften (Gründruckfestigkeit, Formhärte, Konturschärfe, Gasdurchlässigkeit, Oberflächengüte, etc.) sicherzustellen.

AF_4 - Abformen:

Der wesentliche Arbeitsfortschritt, der beim Abformen erreicht wird, ist die Abbildung der Abformwerkzeugkontur, so daß nach der Trennung von Abformwerkzeug und Formstoff die Negativkontur des Abformwerkzeuges im Formstoff bis zum Abgießen erhalten bleibt. Weiterhin werden hier die für die weiteren Arbeitsschritte notwendigen vorbereitenden Aufgaben zusammengefaßt.

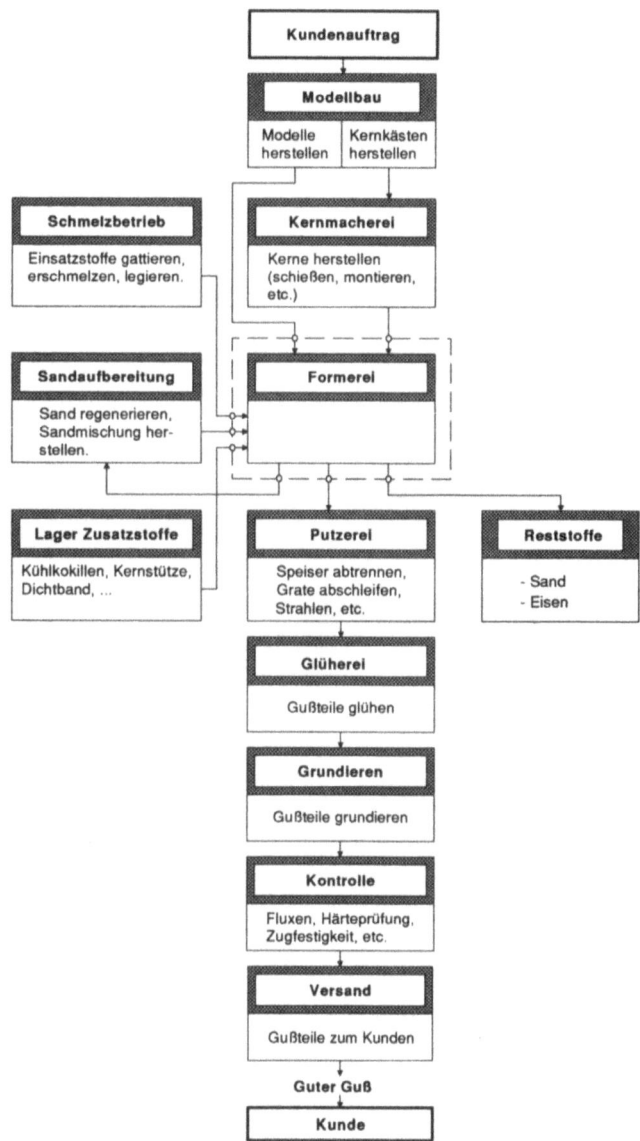

Abb. 2-4: Produktionsablauf in einer Gießerei mit Einordnung des Ausführungssystem Formerei (vgl. EBERT 1983, S. 4; BENTLER 1990, S. 9).

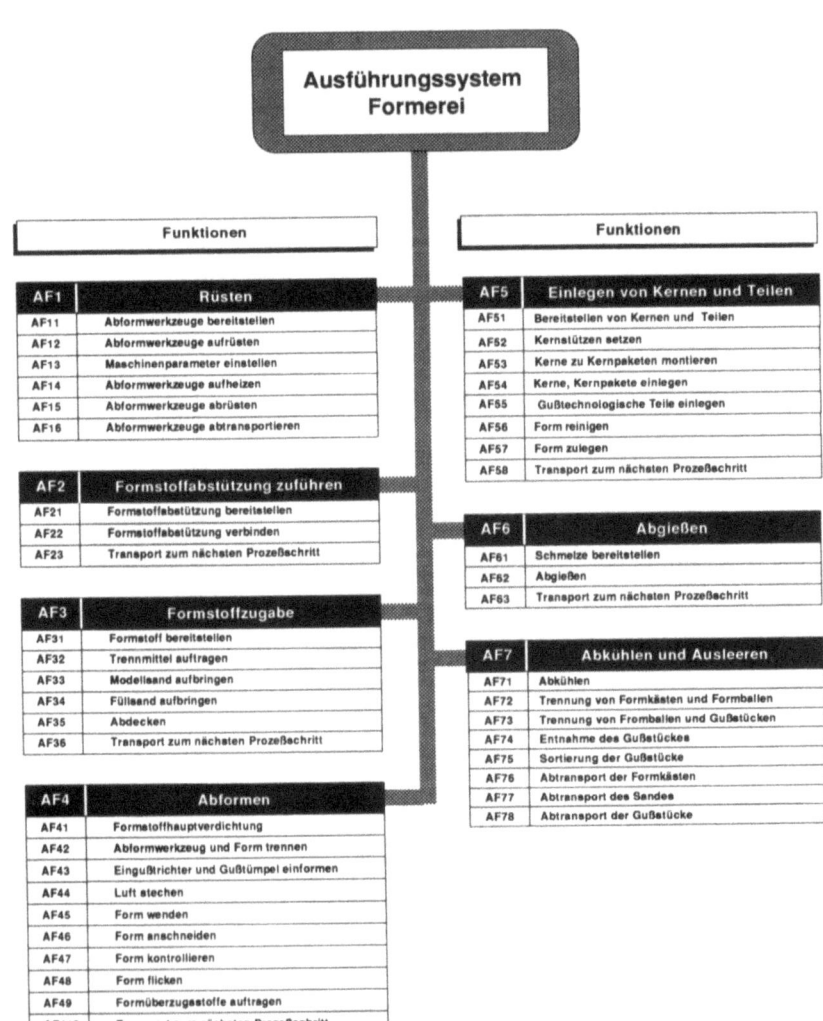

Abb. 2-5: Funktionsstruktur des Ausführungssystems Formerei.

AF₅ - Einlegen von Kernen und Teilen

Kerne sind einzelne bzw. montierte Voll- oder Hohlkörper, die aus unterschiedlichen Formstoffen mit Sand als Basismaterial hergestellt werden. Kerne werden üblicherweise in den Formhohlraum eingelegt und erzeugen die Innenkontur eines Gußteiles. Es gibt aber auch Anwendungsfälle, wo die Außenkontur teilweise oder ganz mit Hilfe von Kernen dargestellt wird. Gußtechnologische Teile wie z. B. Speisereinsätze, Eingußsiebe, Kühlkokillen, Eingußelemente und Kernstützen werden aus verfahrenstechnischen Gründen je nach Anwendungsfall in das Formteil eingesetzt.

AF₆ - Abgießen:

Beim Abgießen wird das flüssige Metall in die abgußfertige Form eingebracht.

AF₇ - Abkühlen und Ausleeren:

Abkühlen und Ausleeren ist die letzte Funktion des Formereiausführungssystems. Beim Abkühlen erstarrt das Metall soweit, daß der Rohguß (Gußteil mit Speiser- und Anschnittsystem) vom umgebenden Sand getrennt werden kann.

Die in Abbildung 2-5 aufgeführten Subfunktionen zum Ausführungssystem werden in Anhang A erläutert.

2.4 Stand der Erkenntnisse zur organisatorischen Gestaltung der PPS in Formereiarbeitssystemen

Während man sich z. B. im Maschinenbau in Fertigung und Montage seit Jahren sowohl wissenschaftlich (EVERSHEIM 1990, 1989 a, 1989 b; HACKSTEIN 1988, 1989 a und b), wie auch in Praxislösungen mit Fragen der Organisation in Produktionsbetrieben auseinandersetzt, wird diese Fragestellung für die Gießereibranche und speziell für Formereien nur unzureichend behandelt. Die geringe Anzahl an gießereispezifischen und auf organisatorische Themen ausgerichteten Werken (GOTTSCHALK/SCHENK 1987 a; REFA 1989) können als Indiz für diese Situation angesehen werden.

Bei einer erweiterten Betrachtung im angloamerikanischen Raum stellt man auch dort eine ähnliche Situationsprägung fest (vgl. WORKING GROUP M 62 1985 und 1988).

Spezielle Hinweise zur organisatorischen Gestaltung der Produktionsplanung und -steuerung in Formereiarbeitssystemen werden ausschließlich im Zusammenhang mit der Beschreibung betrieblicher Einsatzfälle oder aber in wissenschaftlichen Arbeiten mit analytisch deduktiven Ansätzen gemacht. Solche Autoren lassen sich in zwei Gruppen einteilen:

Gruppe 1: Anschließend an das von HEIMANN (1981) entwickelte "Dialogorientierte Reihenfolgeplanungsverfahren für automatische Formanlagen" erarbeiten zahlreiche Autoren (z.B. LUDWIG, 1986; ORTLOFF u.a. 1986; GÜNDEL 1987) betriebsindividuelle Lösungen. Aufbauend auf diesen Arbeiten zeigen LUDWIG/ORTLOFF (1988), daß die erarbeiteten Lösungen auf ein grundsätzliches, theoretisches Konzept zurückgeführt werden können. SCHENK/WIEMER (1987) greifen diesen grundsätzlichen Ansatz auf und stellen einen Weg zum Aufbau einer betriebsunabhängigen EDV-gestützten Methodenbank für das Problem der Reihenfolgeplanung für Formanlagen dar. WIEMER (1990) schließt diesen Themenkreis "Reihenfolgeplanung für automatische Formanlagen" zunächst ab. Der Schwerpunkt dieser Arbeiten muß darin gesehen werden, daß Optimierungsalgorithmen zur Reihenfolgeplanung für automatische Formanlagen entwickelt wurden. Als sinnvoller Anwendungsbereich für solche Optimierungsalgorithmen und EDV-Programmsysteme können aber schwerpunktmäßig nur automatische Formanlagen mit Segmentmodellplattentechnik angesehen werden.

Gruppe 2: SCHENK/BÄRECKE (1986), BÄRECKE/SCHENK (1986), BÄRECKE u.a. (1987), BÄRECKE/LEISTNER (1988) und BÄRECKE (1989 und 1990) diskutieren die Einsatzmöglichkeiten des Personal-Computers im Informationsfluß der PPS für Gießereien als Einzelplatz- und Netzwerklösung. Sie gehen dabei speziell auf EDV-technische Fragen und zu unterstützende Funktionen ein. Über die Einführung und den Einsatz von umfassenderen EDV-Lösungen in Gießereien berichten z. B.

HESPERS (1986), KRENZ/SCHLEGEL (1986), PÖPPEL (1987), SCHMEES (1987), MAMPAEY (1987), BORN/BARTELS (1987), GOEKE (1988), RÖVER (1989) und KISCHLAT (1989). Bei diesen Darstellungen stehen i. d. R. betriebliche Erfahrungswerte unter Kosten-, Nutzenaspekten, Sofwareaspekte unter Darstellung von Masken, Listen und EDV-Programmen oder auch Ausagen zur hardwaremäßigen Realisierung und Vorgehensweise bei der Implementierung im Vordergrund. Fast alle Darstellungen beziehen sich aber im Schwerpunkt auf kommerzielle Funktionen wie z. B. Lohnabrechnung, Finanzbuchhaltung. Funktionen zur PPS in Formereiarbeitssystemen werden entweder gar nicht oder nur andeutungsweise besprochen.

Beispiele zur Betriebsdatenerfassung als notwendige Voraussetzung eines PPS-Einsatzes zeigen z. B. GOTTSCHALK u.a. (1987 b), VOGLHUBER (1987) und STEIMEL (1988) auf. Grundsätzliche Betrachtungen zur Betriebsdatenerfassung in Gießereien werden von VIRNICH u.a. (1984) gemacht. Auch hier wird nur ein Teilaspekt der PPS (BDE) vor dem Hintergrund betriebsindividueller Erfahrungen und theoretischer Grundsatzüberlegungen diskutiert.

BENTLER u.a. (1988); ABELS/PASSINGER (1989 c); SCRIMSHIRE u.a. (1984); DALLMER (1984); WORKINGGROUP M 34 (1988) entwickelten Vorgehensmodelle, die darauf abzielen, potentielle Anwender von umfangreichen EDV-Systemen zur technisch-kaufmännischen Auftragsabwicklung bei der Auswahl und Einführung zu unterstützen. Bei diesen Vorgehensmodellen steht aber die Gestaltung der Projektierung solcher EDV-Systeme im Vordergrund. Auf die konkrete organisatorische Einbindung solcher EDV-Systeme wird für die Formerei nur ansatzweise eingegangen.

Theoretisch-konzeptionelle Darstellungen zur informationsflußorientierten Modellierung von PPS-Systemen bei GOTTSCHALK/SCHENK (1987 c) können als Entscheidungshilfe zur PPS-Systemgestaltung angesehen werden. Schwerpunkt dieser Arbeit ist die informationsflußmäßige Kopplung verschiedener Teilbereiche in einer Gießerei. Die Formerei wird dabei in Form einer Black-Box Betrachtung in die Informationsflußmodellierung einbezogen. Neben diesen informationsflußmäßigen

Kopplungsbeziehungen werden weitere organisatorische Gestaltungsaspekte wie z. B. Arbeitsteilung, ablauforganisatorische Regelungen etc. nicht mit berücksichtigt.

Ausgehend von der organisatorischen Gestaltungsform "Leitstand", entwickelt POKRZYWNICKI (1987) eine Vorgehensweise zur Gestaltung von Arbeitsaufgaben für Leitstandsbediener in Gießereien. In dieser Arbeit wird aber nur eine von mehreren möglichen organisatorischen Gestaltungsformen zur PPS, nämlich der Leitstand, betrachtet. Unter welchen Bedingungen diese Organisationsform sinnvoll einsetzbar ist, wird hier nicht dargestellt. Als Entscheidungshilfe kann diese Arbeit nur in der Form angesehen werden, daß vor dem Hintergrund der eigenen betrieblichen Situation die Vor- und Nachteile dieser Organisationsform diskutiert werden und man sich dann für oder gegen diese Organisationsform entscheidet. Im Falle einer Ablehnung werden hier Alternativen nicht aufgezeigt.

STEINBAUER/SIEFER (1985) untersuchen mit Hilfe eines Simulationsmodells die Kapazitätsabstimmung zwischen Formerei und Schmelzerei. Als Labormodell eingesetzt, ist dieser Beitrag eine Verfahrensbeschreibung, die wertvolle Hinweise für einen effektiven EDV-Einsatz gibt.

Betrachtet man die vorliegenden Arbeiten zur Unterstützung der organisatorischen Gestaltung von PPS-Systemen in Gießereien und Formereien zusammengefaßt, so kann man feststellen, daß es standardisierte Softwarelösungen, methodische Hinweise zur Auswahl und Einführung solcher Softwarelösungen, optimierende Algorithmen für einzelne Funktionen der PPS und exemplarische Einzelbeschreibungen von organisatorischen Gestaltungslösungen für Formereien gibt. Bisher gibt es aber noch keine Arbeiten, die dem Organisationsgestalter systematisch aufzeigen, wie ausgehend von der eigenen betrieblichen Situation das PPS-System der Formerei organisatorisch gestaltet werden soll, so daß mit dieser Arbeit ein aktuelles Forschungsdefizit beseitigt wird.

Der Betriebsbereich "Formerei" wird in dieser Arbeit als Untersuchungsgegenstand deshalb herausgehoben, weil für diesen Bereich vergleichsweise hohe Verbesserungen in der ökonomischen Effektivität und deutliche Steigerungen der Arbeitsattraktivität gesehen werden (vgl. ZANGEMEISTER 1989, S. 2.7 f.).

3. Ansatz und Vorgehensweise zur Entwicklung der Entscheidungshilfen

3.1 Der situative Ansatz

Für die vorliegende Problemstellung soll der situative Ansatz der vergleichenden Organisationsforschung angewendet werden. Der situative Ansatz geht im Grundgedanken davon aus, daß sich unterschiedliche Organisationsstrukturen auf unterschiedliche Situationen zurückführen lassen. Der Begriff Situation wird hier als Gesamtheit der Einflüsse aufgefaßt, die auf die organisatorische Gestaltung des Formereiarbeitssystems wirken. Diejenigen Einflußgrößen, mit denen die Situation beschrieben werden kann, werden nachfolgend als Situationsmerkmale bezeichnet.

Aus der zentralen These des Ansatzes nach STAEHLE (1979, S. 218) kann abgeleitet werden, daß es nicht eine generell gültige, optimale Handlungsalternative zur organisatorischen Gestaltung gibt, sondern mehrere situationsbezogen angemessene.

Ausgehend von diesem allgemeinen Grundgedanken gibt es zwei Modelle, die sich durch das jeweils angestrebte Wissenschaftsziel unterscheiden (KIESER/KUBICEK 1983, S. 59).

- Analytisches Modell
  Beim analytischen Modell wird ein theoretisch-wissenschaftliches Ziel verfolgt. Hier sollen empirisch gehaltvolle und generelle Erklärungen für beobachtbare Phänomene gewonnen werden.
- Pragmatisches Modell
  Beim pragmatischen Modell sollen Gestaltungsmöglichkeiten sowie Gestaltungsempfehlungen mit deren Begründung dargestellt werden. Eine zentrale Frage des pragmatischen Modells ist demnach: "Wie kann man Organisationsstrukturen so gestalten, daß sie den Anforderungen der Situation gerecht werden?"

Ausgehend von dem Ziel, Entscheidungshilfen für die organisatorische Gestaltung des PPS-Systems in Formereiarbeitssystemen abzuleiten, soll das pragmatische Modell des situativen Ansatzes angewendet werden. Im speziellen Ansatz wird davon ausgegangen, daß die organisatorische Gestaltung der PPS in einem Formereiarbeitssystem von der Situation des Formereiarbeitssystems und von dem zu planenden und steuernden Ausführungssystem abhängt. Es gilt also, bei einer gegebenen Situation und einem Ausführungssystem die dem verfolgten Ziel in ihren Wirkungen am besten entsprechende organisatorische Gestaltungsalternative zu finden. Hierzu wird versucht, auf der Basis von empirischen Untersuchungen Entscheidungshilfen zu entwickeln.

Um der von STAEHLE (1980, S. 87 ff) gegenüber dem empirischen Vorgehen vorgebrachten Kritik entgegenzuwirken, daß latent die Tendenz vorhanden ist, bestehende Verhältnisse festzuschreiben und damit innovative Prozesse für eine Neugestaltung des Untersuchungsobjektes zu verhindern, soll die organisatorische Gestaltung aus einer 10-Jahres-Prognose für das Formereiarbeitssystem abgeleitet werden. Abgeleitet werden ideale organisatorische Gestaltungsformen, wie sie sich unter den Möglichkeiten der heute verfügbaren und innerhalb der nächsten 10 Jahre zu erwartenden Gestaltungsmöglichkeiten wahrscheinlich ergeben. Insofern sollen hier weniger Realformen, als vielmehr Idealformen von organisatorischen Gestaltungslösungen entwickelt werden, die dann als Orientierungshilfen für den betrieblichen Organisationsgestalter dienen.

Deshalb wird hier eine Vorgehensweise angewendet, bei der ausgehend von der gegenwärtigen Situation und den gegenwärtigen Ausführungssystemen zunächst das zukünftige Ausführungssystems prognostiziert wird. Eine Prognose des Ausführungssystems wurde deshalb durchgeführt, weil anzunehmen ist, daß sich nicht nur die PPS-Systeme, sondern auch die Ausführungssysteme verändern werden. Da sich aber ein PPS-System auf ein Ausführungssystem bezieht, ist nach den Ausführungssystemen zu fragen, auf die sich die PPS-Systeme in der Zukunft beziehen werden. Um die Komplexität der Prognose einzugrenzen, stand bei der Prognose des Ausführungssystems folgende Frage im Vordergrund:" Wie wird ein heute real existierendes Ausführungssystem bei gleicher Situation in der Zukunft gestaltet sein? ". Die zukünftige Gestaltung des PPS-Systems wird dann aus dem zukünftigen Ausführungssystem und der Situation über eine gemischt induktiv- deduktive Betrachtung abgeleitet (Abbildung 3-1).

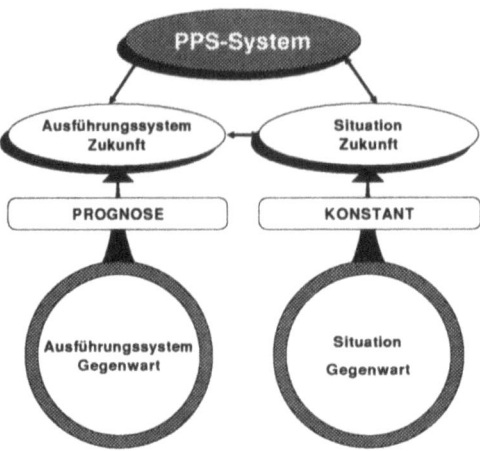

Abb. 3-1: Prognose zur organisatorischen Gestaltung des PPS-Systems.

Will man nun den situativen Ansatz als Untersuchungskonzept einsetzen, ist es notwendig, daß die Einflußgrößen (Situationsmerkmale) und die relevanten Eigenschaften (Situationsmerkmalsausprägungen) in Bezug auf die Fragestellung ermittelt werden (Konzeptualisierung) und daß diese Einflußgrößen meßbar gemacht werden (Operationalisierung) (vgl. KIESER/KUBICEK 1983, S. 71).

Für die vorliegende Fragestellung ist festzustellen, daß es in der Praxis eine große Anzahl unterschiedlicher Kombinationen von Situationsmerkmalsausprägungen (Situationsprofile) und organisatorischer Gestaltungsformen von PPS- und Ausführungssystemen (PPS- bzw. Ausführungssystemprofile) gibt. Insofern erscheint es notwendig, die Vielzahl der Profile durch eine geeignete Komprimierung zu einer überschaubaren Anzahl von ähnlichen Profilen zusammenzufassen. Hierzu setzt man Verfahren der Typisierung ein. Durch eine sinnvolle Auswahl und Kombination von Merkmalen und deren Ausprägungen enstehen Typen, die dann die charakteristischen Eigenschaften einer Klasse von Objekten in bereinigter Form darstellen. Durch diese

Abstraktion wird die Vielfalt der Erscheinungen auf das Wesentliche und Gemeinsame reduziert (vgl. VOGEL 1975, S. 5). Dabei wird impliziert, daß sich reale Fälle immer eindeutig einem der erarbeiteten Typen zuordnen lassen (vgl. KIESER/KUBICEK 1983, S. 54).

Aus dem Ergebnis der Typisierung kann dann aus gegenwärtig real existierenden Situations- und Ausführungssystemtypen eine Zuordnung zu erwarteten Ausführungsystem- und geeigneten PPS-Typen abgeleitet werden.

Die Basis für die Typisierung bildet eine empirische Erhebung. Empirische Erhebungen lassen sich grundsätzlich anhand von zwei Parametern unterscheiden (Abbildung 3-2). Die Parameter sind die Größe der Stichprobe und der zeitliche Umfang der Untersuchung (vgl. KUBICEK 1975, S. 62).

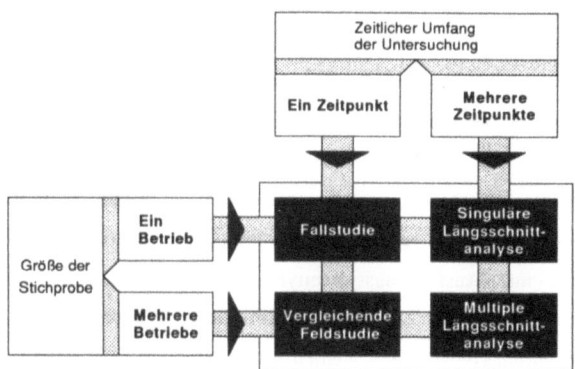

Abb. 3-2: Parameter vergleichender Erhebungen (vgl. KUBICEK 1975, S. 62).

Da in dieser Arbeit angestrebt wird, das Formereiarbeitssystem vom heutigen Zeitpunkt aus in die Zukunft zu projizieren und dabei ausführungssystem- und situationsspezifische organisatorische Gestaltungsformen der PPS zu entwickeln, wird die Untersuchung in Form einer vergleichende Feldstudie angelegt.

3.2 Arbeitsschritte

Das der Entwicklung von Entscheidungshilfen zugrundegelegte Forschungsdesign ist als logische Abfolge von durchzuführenden Arbeitsschritten in Abbildung 3.3 dargestellt. Im ersten Arbeitsschritt wird der Untersuchungsgegenstand Arbeitssystem Formerei hinsichtlich:

- Situation
- PPS-System und
- Ausführungssystem

beschrieben (konzeptualisiert) und meßbar gemacht (operationalisiert).

Der zweite Arbeitsschritt beinhaltet die Planung und Vorbereitung der Feldstudie. Im Rahmen von Pretests wird das Erhebungsinstrumentarium anhand von einigen Betriebsuntersuchungen auf seine Zweckdienlichkeit hin überprüft und ggf. in einer iterativen Vorgehensweise über Arbeitsschritt 1 problemadäquat angepaßt. In Arbeitsschritt 3 wird die empirische Erhebung der Objektdaten durchgeführt. Hier werden für einzelne Arbeitssysteme die spezifischen Situationsprofile und die Profile für das Ausführungs- und PPS-System in der Gegenwart und in der Zukunft erhoben. Daran anschließend werden im vierten Arbeitsschritt die erhobenen Profile mit Hilfe der Clusteranalyse zu Typen aggregiert. In Arbeitsschritt 5 wird die Zuordnung von Situationstypen und Ausführungssystemtypen der Gegenwart bestimmt und auf Ausführungssystemtypen der Zukunft projiziert. Abhängig von den Situationstypen und den Ausführungssystemtypen werden in Arbeitsschritt 6 geeignete PPS-Typen bestimmt. In Arbeitsschritt 7 wird eine Vorgehensweise vorgestellt, wie der betriebliche Organisator ausgehend von der eigenen betrieblichen Situation und dem Ausführungssystem eine geeignete organisatorische Gestaltungsform der PPS finden kann.

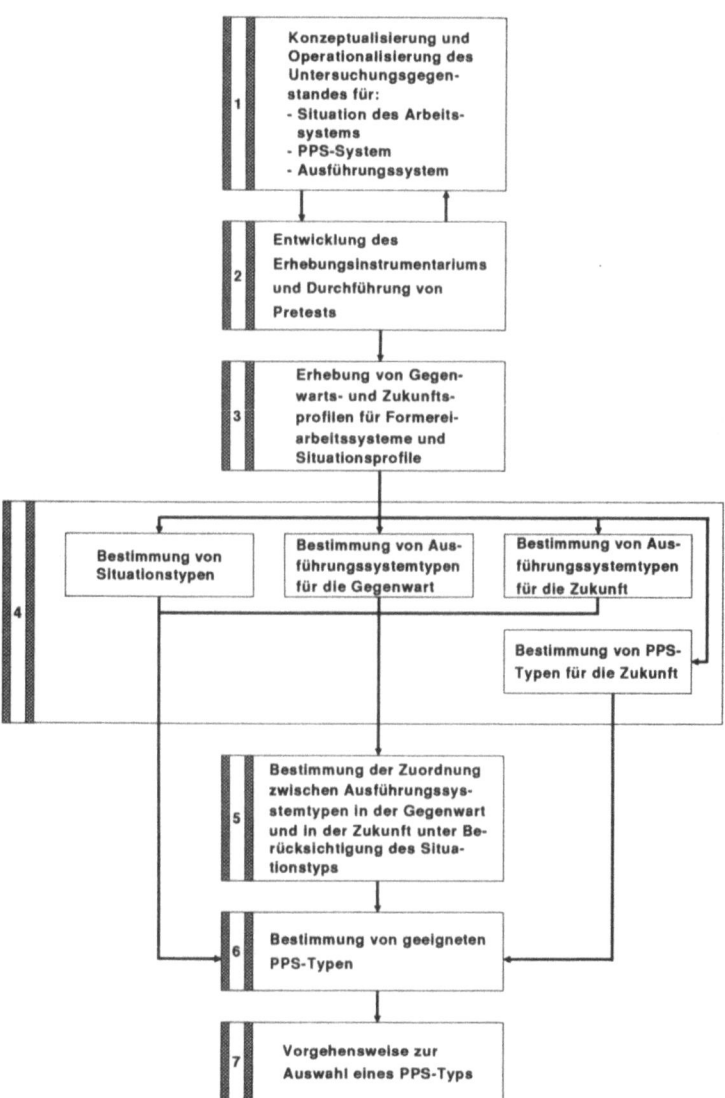

Abb. 3-3: Arbeitsschritte zur Entwicklung von Entscheidungshilfen für die zukünftige organisatorische Gestaltung des PPS-Systems in Formereiarbeitssystemen.

4. Konzeptualisierung und Operationalisierung des Untersuchungsgegenstandes

Ausgehend vom Ziel dieser Arbeit müssen die Bereiche "Situation des Arbeitssystems", "PPS-System" und "Ausführungssystem" konzeptualisiert und für eine Datenerhebung operationalisiert werden.

Die Diskussion zur Auswahl von relevanten Merkmalen zeigt, daß jedes komplexe Gebilde unendlich viele Merkmale aufweist, von denen aber nur eine begrenzte Anzahl für die konkrete Problemstellung relevant sind. Insofern müssen die für den Untersuchungsgegenstand relevanten Merkmale ausgewählt werden (vgl. KIESER/KUBICEK 1983, S. 71).

Die Auswahl der relevanten Merkmale kann dabei nur durch eine systematische Vorgehensweise erfolgen, da eine gesicherte Methode zur Auswahl aller wesentlichen Merkmale nicht existiert (vgl. KNOBLICH 1969, S. 31; GROSSE-OETRINGHAUS 1974, S. 53). GROSSE-OETRINGHAUS (1974, S. 50 ff.) beschreibt eine solche systematische Vorgehensweise, auf die aus Aufwandsgründen hier nicht näher eingegangen werden soll. Die Auswahl der im Rahmen dieser Arbeit relevanten Merkmale orientiert sich weitgehend an der dort vorgeschlagenen Vorgehensweise.

4.1 Situationsmerkmale

Die Situation des Arbeitssystems Formerei wird durch Merkmale charakterisiert, die einen Einfluß auf die organisatorische Gestaltung des PPS-Systems und des Ausführungssystems haben.

Zur Systematisierung der Auswahl von Situationsmerkmalen werden zunächst Einflußbereiche sachlogisch bestimmt. Für diese Einflußbereiche werden dann Situationsmerkmale abgeleitet, die dann weiter in Situationsmerkmalsausprägungen differenziert werden.

Für das vorliegende Untersuchungsobjekt können sieben Bereiche differenziert werden, die einen Einfluß auf die organisatorische Gestaltung erwarten lassen (Abbildung 4-1). Aus diesen Bereichen können dann Situationsmerkmale abgeleitet werden. Die Zuordnung von Situationsmerkmalsausprägungen zu den aufgeführten Situationsmerkmalen führt zu dem in Abbildung 4-2 und 4-3 dargestellten morphologischen Schema (vgl. ZWICKY 1966, S. 116).

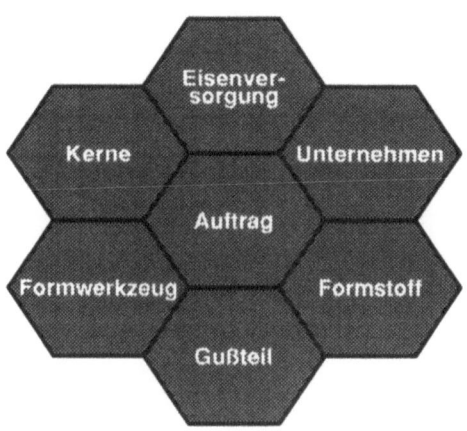

Abb. 4-1:   Einflußbereiche auf die organisatorische Gestaltung.

Die hier aufgezeigte Entwicklung von Situationsmerkmalen und -merkmalsausprägungen basiert auf eigenen Voruntersuchungen sowie der intensiven Diskussion mit Gießereiexperten. Nachfolgend werden die einzelnen Merkmale mit ihren Merkmalsausprägungen näher erläutert und für die Datenerhebung operationalisiert.

Unternehmensbezogene Merkmale

Der Einflußbereich "Unternehmen" steht für alle Einflüsse, die sich aus der Einbindung des Formereiarbeitssystems in einem Unternehmen ergeben. Das Merkmal "Hauptabnehmerbranche" kennzeichnet den Einfluß der Gußabnehmer. Hier werden als Merkmalsausprägungen die Branchen eingeführt, die mehr als 80 % der inländischen Jahresgußproduktion abnehmen (vgl. VDG 1988). Die verbleibenden Gußabnehmer werden unter der Merkmalsausprägung "Sonstige" subsummiert. Das

Merkmalsausprägungen

Unternehmensbezogene Merkmale

Merkmale	Ausprägungen
Hauptabnehmerbranche	Automobilbranche | Reine Kundengießerei | Bauindustrie | Maschinenbau | Sonstige
Unternehmenseingliederung	Teil eines Unternehmens: Ja | Nein
Mechanische Bearbeitung	Ja | Nein
Anzahl Beschäftigte insgesamt	<50 | <100 | <150 | <250 | <350 | <450 | <550 | <650 | >650
Anzahl Beschäftigte in der Formerei	<3 | <7 | <12 | <17 | <25 | <35 | <50 | <60 | >60

Auftragsbezogene Merkmale

Merkmale	Ausprägungen
Auftragslösungsart	Produktion auf Kunden-bestellung mit Einzelaufträgen | Produktion auf Kundenbestellung mit Rahmenaufträgen | Produktion auf Lager (Eigenguß)
Fertigungsart	Einmalfertigung | Einzel- und Kleinserien-Fertigung | Serienfertigung | Massenfertigung
Ø Anzahl neuer Modelle je Jahr	<5 | <10 | <30 | <100 | <500 | <1000 | <2000 | <3000 | >3000
Anzahl Modelle, die mindestens einmal je Jahr abgeformt werden	<50 | <100 | <200 | <500 | <1000 | <2000 | <5000 | <7000 | >7000

Gußteilbezogene Merkmale

Merkmale	Ausprägungen
Werkstoff	GG | GGG | GS | GT | NE
Maximales Gußteilgewicht	Bis 5 kg | 5 - 20 kg | 20 - 50 kg | 50 - 100 kg | 100 - 1000 kg | >1 to
Durchschnittliches Gußteilgewicht	Bis 5 kg | 5 - 20 kg | 20 - 50 kg | 50 - 100 kg | 100 - 1000 kg | >1 to

Abb. 4-2: Situationsmorphologie I.

Merkmale	Merkmalsausprägungen		
Formstoff bezogene Merkmale			
Modell	Permanent		Verloren
Segmentmodell- plattentechnik	Ja		Nein
Mischplatten	Ja		Nein
Formwerkzeugstruktur	Einteilige Formwerk- zeuge mit einfachen Konturen	Einteilige Formwerk- zeuge mit schwierigen Konturen	Mehrteilige Formwerk- zeuge mit einfachen Konturen	Mehrteilige Formwerk- zeuge mit schwierigen Konturen
Kern-, gießerei- und Merkmale			
Kernhaltigkeit der Gußstücke	Wenige Kerne mit ein- facher Kerneinlege- arbeit	Wenige Kerne mit schwieriger Kernein- legearbeit	Viele Kerne mit ein- facher Kerneinlege- arbeit	Viele Kerne mit schwie- riger Kerneinlegearbeit
Schmelzbetriebs- zuordnung	Ein Aggregat für eine Formerei	Ein Aggregat für mehrere Formereien	Mehrere Aggregate für eine Formerei	Mehrere Aggregate für mehrere Formereien
Metallversorgungsabsbezogene Merkmale			
Erschmelzung	Kontinuierlich		Diskontinuierlich
Werkstoffwechsel	Ein Werkstoff je Gießtag		Mehrmals am Tag
Gießrhythmus	Täglich	Mehrmals je Woche	1 x je Woche	> 1 x je Woche
Formstoff- bezogene Merkmale			
Formstoff	Organisches Bindersystem		Anorganisches Bindersystem
Formstoffbereitstellung	Kontinuierlich		Diskontinuierlich

Abb. 4-3: Situationsmorphologie II.

Merkmal "Unternehmenseingliederung" berücksichtigt, ob die Gießerei weitgehend autonom operieren kann oder als Teil eines Unternehmens (Trust, Konzern, etc.) übergeordneten Bindungen unterliegt. Das Merkmal "Mechanische Bearbeitung" kennzeichnet die Erweiterung der ursprünglichen reinen Gußproduktion um weitere Bearbeitungsgänge am fertigen Gußteil. Dieses Merkmal kann auch als Kriterium für eine erweiterte Fertigungstiefe in der Gießerei aufgefaßt werden. Das Merkmal "Anzahl Beschäftigte" wird in die Untermerkmale "insgesamt" = Anzahl der Beschäftigten im Unternehmen und in "Beschäftigte in der Formerei" differenziert.

Auftragsbezogene Merkmale

Der Einflußbereich "Auftrag" faßt Einflüsse zusammen, die marktseitig wirken. Das Merkmal "Auftragsauslösungsart" kennzeichnet die Initiierung des Arbeitssystems durch die Gußabnehmer. Aufträge an das Arbeitssystem können entweder durch einzelne Kundenaufträge oder aber auch durch "Rahmenaufträge" mit den Gußabnehmern veranlaßt werden. Weiterhin können Aufträge an das Arbeitssystem auch zur kundenanonymen Nachbevorratung von Lägern initiiert werden - "Produktion auf Lager" -. Generell können diese Merkmalsausprägungen je Arbeitssystem einzeln oder aber auch kombiniert auftreten. Merkmalsausprägungen zum Merkmal "Fertigungsart" sind

- "Einmalfertigung", d.h. das Gußteil wird nur einmal gegossen,
- "Einzel- und Kleinserienfertigung", d.h. daß je Fertigungsauftrag zwischen 1 und 50 Gußteile abgegossen werden,
- "Serienfertigung", d.h. daß je Fertigungsauftrag zwischen 50 und 1000 Gußteile abgegossen werden und
- "Massenfertigung", d.h. daß je Fertigungsauftrag mehr als 1000 Gußteile abgegossen werden.

Die Merkmalsausprägungen zu den Merkmalen "ϕ Anzahl neuer Modelle je Jahr" und "ϕ Anzahl Modelle, die mindestens einmal je Jahr abgeformt werden" können Abbildung 4-2 unmittelbar entnommen werden.

Gußteilbezogene Merkmale

Gußteilbezogene Merkmale kennzeichnen den Einfluß der produzierten Gußteile auf die organisatorische Gestaltung des Formereiarbeitssystems. Als Merkmalsausprägungen für das Merkmal "Werkstoff" werden die in nationalen und internationalen Übersichten (vgl. VDG 1988) eingeführten Werkstoffkategorien "GG", d.h. Eisenguß mit Lamellengraphit; "GGG", d.h. Eisenguß mit Kugelgraphit; "GS", d.h. Stahlguß; "GT", d.h. Temperguß und "NE", d.h. Nichteisenmetallguß eingeführt. Die Merkmale "Maximales Gußteilgewicht" und "Durchschnittliches Gußteilgewicht" stehen für die Gußteilgewichte des guten Gusses im geputzten Zustand. Als Merkmalsausprägungen werden Klassen auf einer Ratioskala eingeführt.

Formwerkzeugbezogene Merkmale

Hier werden alle Situationsmerkmale zusammengefaßt, die Formwerkzeugbezug haben und von denen ein Einfluß auf die Arbeitssystemgestaltung erwartet werden kann. Das Situationsmerkmal "Modell" wird in die Ausprägungen "Permanent", d.h. das Modell ist nach dem Abguß wiederverwendbar (z. B. Holzmodelle) und "Verloren", d.h. das Modell ist nach dem Abguß nicht wiederverwendbar (z. B. Styropormodelle) differenziert. Das Merkmal "Segmentmodellplattentechnik" steht dafür, daß Modellplatten, deren Seitenlängen in einem festen, geradzahligen Verhältnis zueinander stehen, zu einem Abformwerkzeug zusammengestellt werden. Somit können mehrere gleiche oder unterschiedliche Modelle gleichzeitig abgeformt werden. Das aus mehreren solcher Platten zusammengestellte Abformwerkzeug hat dann die Abmaße der Formstoffabstützung. Das Merkmal "Mischplatten" bezeichnet den Sachverhalt, daß mehrere Modelle auf einer gemeinsamen Modellplatte befestigt werden. Die Modellplatte hat dabei die Abmaße der Formstoffabstützung. Die Ausprägungen des Merkmals "Formwerkzeugstruktur" werden aus der paarweisen Kombination der Kriterien "einteilige/mehrteilige Formwerkzeuge" und "einfache/-schwierige Konturen" gebildet. Einteilige Formwerkzeuge liegen dann vor, wenn die Formwerkzeuggravur physisch aus einem Teil besteht. Bei mehrteiligen Formwerkzeugen wird die komplette Formwerkzeuggravur durch das Zusammenfügen mehrerer Teile (i. d. R. ein Grundkörper mit Losteilen) erzeugt. In Anlehung an REFA (1989, S. 2.4.3.3 - 85) werden die dort aufgeführten Referenzschwierigkeitsklassen 1 bis 5 dem Kriterium "einfache Konturen" und die Klassen 6 bis 10 dem Kriterium "schwierige Konturen" zugeordnet.

Kernbezogene Merkmale

Das Situationsmerkmal "Kernhaltigkeit der Gußstücke" steht als Einfluß auf das Arbeitssystem im Zusammenhang mit der Versorgung und den operativen Tätigkeiten zum Einlegen der Kerne in die Form. Die Merkmalsausprägungen ergeben sich hier aus der Kombination der Kategorien "wenige" (< 5 Stück je Modell bzw. Modellplatte)/"viele" (> 5 Stück) Kerne und "einfacher/schwieriger" Kerneinlegearbeit. "Einfache Kerneinlegearbeit" beschreibt den Sachverhalt, daß ein oder mehrere Kerne mit einfachen Fügebewegungen ohne Zusatztätigkeiten (Kernstützen setzen, Kernmontage inner- und außerhalb der Form, etc.) und Anpaßarbeiten (Kerne abreiben, Kerne flicken, etc.) mit der Form verbunden werden können. Bei schwieriger Kerneinlegearbeit fallen o. g. Zusatztätigkeiten und Anpaßarbeiten an.

Metallversorgungsbezogene Merkmale

Diese Situationsmerkmale subsummieren alle Einflüsse, die sich aus dem Zusammenwirken des Schmelzbetriebes mit den Arbeitssystemen Formerei ergeben. Das Merkmal "Schmelzbetriebszuordnung" kann als ein Maß für die Koordinationskomplexität zwischen Schmelzbetrieb und Formerei aufgefaßt werden. Die Merkmalsausprägungen ergeben sich hier aus der paarweisen Kombination der Merkmale "ein-/mehrere-Schmelzaggregate" und "Metallversorgung für eine-/mehrere-Formereien". Das Merkmal "Erschmelzung" steht als Prozeßmerkmal des Schmelzbetriebes dafür, daß bei "kontinuierlicher Erschmelzung" ein permanenter Strom flüssiges Metall das Erschmelzugsaggregat verläßt (z. B. Kupolofen). Bei "diskontinuierlicher Erschmelzung" wird das flüssige Metall partie- bzw. chargenweise vom Aggregat in bestimmten Zeitabständen bereitgestellt (z. B. Drehtrommelofen, Mittelfrequenz-Induktionsofen). Beim Merkmal "Werkstoffwechsel" wird bei den Ausprägungen unterschieden in "Ein Werkstoff je Gießtag" und "Mehrere Werkstoffe je Gießtag". "Mehrere Werkstoffe" können sowohl unterschiedliche Werkstoffe (i. S. von GG, GGG, GS) als auch unterschiedliche Werkstoffmarken (i. S. von GG 20, GG 25, GG 40) sein. Das Merkmal "Gießrhythmus" steht als Häufigkeitsmaß für die Bereitstellung des flüssigen Metalls im Ausführungssystem.

Formstoffbezogene Merkmale

Diese Merkmalsgruppe gliedert sich in die Situationsmerkmale "Formstoff" und

"Formstoffbereitstellung". Maßgebendes Kriterium zur Differenzierung des Situationsmerkmals "Formstoff" in seinen Ausprägungen ist die Frage nach dem Prinzip der Bindung des Formsandes. Bei "organischen Bindersystemen" wird der Zusammenhalt des Formsandes über mit Härtern versehene Kunstharze (z. B. Furanharz, Phenolharz) erreicht (vgl. BOENISCH 1989 a, S. 6). Bei "anorganischen Bindersystemen" wird der Zusammenhalt des Sandes über anorganische Stoffe (z. B. Zement, Bentonit) hergestellt (vgl. BOENISCH 1989 b). Das Situationsmerkmal "Formstoffbereitstellung" wird in den Ausprägungen "kontinuierlich" und "diskontinuierlich" dargestellt. Bei einer "kontinuierlichen Formstoffbereitstellung" wird dem Arbeitssystem abformfähiger Formstoff permanent zur Verfügung gestellt (z. B. kontinuierlich laufende Förderbänder, Rohrfördersysteme etc.). "Diskontinuierliche Formstoffbereitstellung" liegt dann vor, wenn der Formstoff nur zu bestimmten Zeitpunkten partie- oder chargenweise bereitgestellt wird (z. B. Bereitstellung durch Hallenkräne, Gabelstapler, etc.).

4.2 Organisatorische Gestaltungsaspekte

Bei der organisatorischen Gestaltung eines Systems steht die Frage nach der Ausführung der betrachteten Funktionen im Vordergrund. Die Ausführung der Funktionen wird dabei mit Hilfe organisatorischer Gestaltungsaspekte - auch Organisationsdimensionen (vgl. BÄUMER 1981, S. 37) - beschrieben. Die Beschreibung der Funktionsausführung erfolgt dadurch, daß die organisatorischen Gestaltungsaspekte zunächst durch abstufbare Merkmale und deren Ausprägungen operationalisiert und dann über eine morphologische Struktur mit den Funktionen in Beziehung gesetzt werden. Die organisatorische Gestaltung eines Systems (organisatorisches Systemprofil) läßt sich dann als Gesamtheit der funktionsspezifischen Kombinationen der Ausprägungen dieser Merkmale auffassen (Abbildung 4-4) (vgl. WOLLNIK 1969, S. 594). Eine Übersicht über die in der Literatur verwendeten organisatorischen Gestaltungsaspekte findet sich bei BÄUMER (1981, S. 39). Aus der dort aufgeführten Vielzahl von organisatorischen Gestaltungsaspekten müssen diejenigen ausgewählt und festgelegt werden, die für den Untersuchungszweck relevant sind. Die für die Untersuchung relevanten organisatorischen Gestaltungsaspekte, Merkmale und deren Ausprägungen wurden aus Arbeiten sachlogisch abgeleitet, die sich mit ähnlichgearteten Organisationsfragen in produzierenden Betrieben beschäftigen (vgl. STRACK 1987; NITSCHE 1987; PFENNIG 1988; SPEITH 1982).

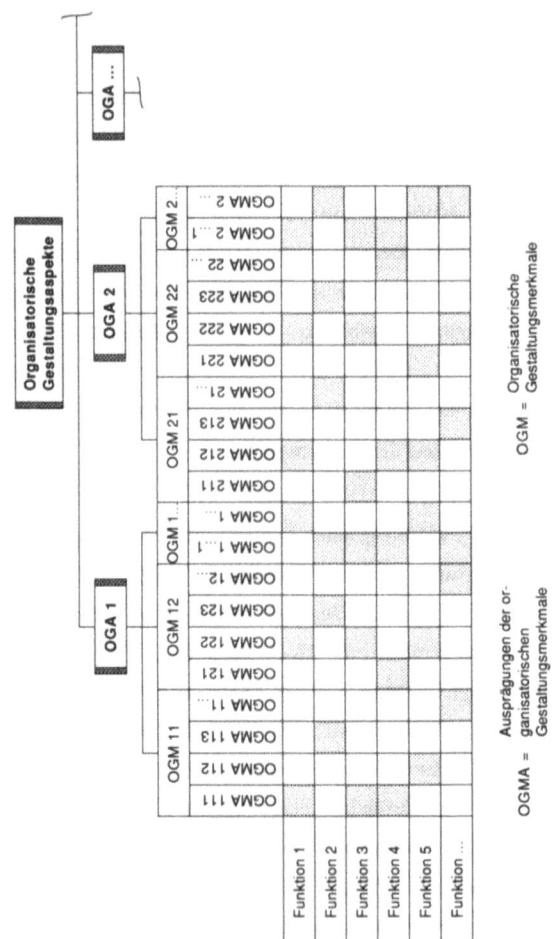

Abb. 4-4: Organisatorische Systemprofile.

4.2.1 Organisatorische Gestaltungsaspekte zum PPS-System

Die zur Beschreibung der Ausführung von PPS-Funktionen relevanten Gestaltungsaspekte und die zugeordneten Gestaltungsmerkmale sind in Abbildung 4-5 dargestellt. Die dort aufgeführten Gestaltungsmerkmale werden mit ihren Ausprägungen nachfolgend beschrieben.

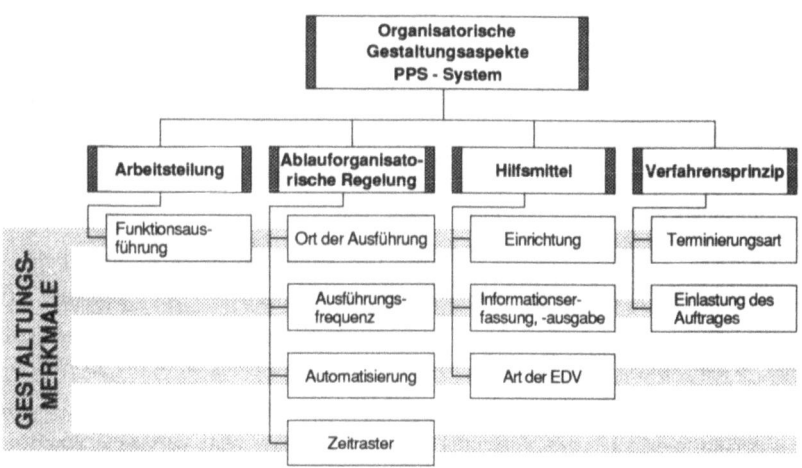

Abb. 4-5: Organisatorische Gestaltungsaspekte und -merkmale zum PPS-System.

Arbeitsteilung

Das Gestaltungsmerkmal "Funktionsausführung" kennzeichnet die Zuordnung zwischen Durchführung der Funktion und dem durchführenden Personal. Als Merkmalsausprägungen werden hier personelle Zuständigkeiten mit den Funktionsträgerbezeichnungen entsprechend Abbildung A-1 eingeführt. Implizit kann hier Einzel- und Gruppenarbeit herausgestellt werden.

Ablauforganisatorische Regelung

Das Gestaltungsmerkmal "Ort der Ausführung" wird differenziert in die Ausprägungen
- "zentral für mehrere Formereien", d.h. die Funktion wird vom Ausführenden nicht ausschließlich für das betrachtete Arbeitssystem durchgeführt und
- "in der Formerei", d.h. die Funktion wird vom Ausführenden allein für das betrachtete Arbeitssystem durchgeführt.

Das Gestaltungsmerkmal "Ausführungsfrequenz" der Funktion bezeichnet die Häufigkeit der Durchführung der Funktion. Dabei werden die Merkmalsausprägungen
- "mehrmals täglich",
- "einmal täglich",
- "mehrmals wöchentlich, aber nicht täglich" und
- "einmal und weniger als einmal wöchentlich"

unterschieden.

Das Gestaltungsmerkmal "Automatisierung" wird in Anlehnung an SPEITH (1982, S. 39) und HACKSTEIN (1989, S. 8) mit den Merkmalsausprägungen
- "Automatisch", d.h. das Hilfsmittel führt die Funktion ohne personelle Eingriffe aus,
- "Gestützt", d.h. das Hilfsmittel stellt Ergebnisse oder aufbereitete Informatioen zur personellen Korrektur bzw. Entscheidung zur Verfügung,
- "Personelle Ausführung mit Hilfsmitteln", d.h. das Hilfsmittel stellt Ausgangsinformationen zur personellen Funktionsausführung zur Verfügung und
- "Personelle Ausführung ohne Hilfsmittel", d.h. die Funktion wird ohne Hilfsmitteleinsatz von der ausführenden Person durchgeführt (z. B. Schätzen)

dargestellt.

Das Gestaltungsmerkmal "Zeitraster" der Planung trifft nur für die Planungsfunktionen zu. Bei den Planungsfunktionen wird der Kapazitätsnachfrage ein Kapazitätsangebot innerhalb eines bestimmten Zeitraumes (Zeitraster) gegenübergestellt. Dieses Zeitraster wird in die Merkmalsausprägungen "Stunde", "Halbtag", "Tag", "Woche" "und "Monat" differenziert.

Hilfsmittel

Im Rahmen der Durchführung von PPS-Funktionen sollen "Hilfsmittel" eine Unterstützung bieten bei (vgl. HACKSTEIN, 1989, S. 8)
- der Informationserfassung,
- dem Informationstransport,
- der Informationsspeicherung,
- der Informatiosverarbeitung und
- der Informationsausgabe.

Als Gestaltungsmerkmale werden "Hilfmittel" differenziert in:
- Einrichtungen für die Informationsspeicherung und Informationsverarbeitung. Dabei können mehrere Hilfsmittel gleichzeitig auf eine Funktion angewendet werden.
- Medien zur Informationserfassung und -ausgabe.

Die Darstellung der Merkmalsausprägungen orientiert sich an den in <u>Abbildung A-2</u> dargestellten Organisationshilfsmitteln.

Weiterhin wird das Gestaltungsmerkmal "Art der EDV" differenziert in die Merkmalsausprägungen
- "Insellösung", d.h. keine der PPS-Funktionen ist mit anderen Aufgabenbereichen über einen EDV-internen Datenfluß gekoppelt,
- "Integrierte Lösung", d.h. mindestens eine PPS-Funktion ist EDV-intern mit anderen
Aufgabenbereichen gekoppelt (z. B. Finanzbuchhaltung etc.).

Verfahrensprinzip

Der Gestaltungsaspekt "Verfahrensprinzip" wird nur im Rahmen der Planungsfunktionen angewendet. Die Gestaltungsmerkmale sind:
- "Terminierungsart" und
- "Einlastung des Auftrages".

Beim Gestaltungsmerkmal "Terminierungsart" werden die Merkmalsausprägungen "Vorwärts-" und "Rückwärtsterminierung" unterschieden (vgl. HACKSTEIN 1989 b,

S. 176 ff.).

Das Gestaltungsmerkmal "Einlastung des Auftrages" berücksichtigt, inwieweit Aufträge nur in die Formerei oder aber auch in weitere Betriebsbereiche eingelastet werden. Als Merkmalsausprägungen werden hier die Betriebsbereiche Kernmacherei, Formerei, Putzerei, Schmelzerei und weitere Betriebsbereiche (WBB) eingeführt.

Bei den im Rahmen der Funktion Durchlaufterminierung berücksichtigten Betriebsbereichen wird davon ausgegangen, daß diese auch bei den restlichen Planungsfunktionen berücksichtigt werden.

4.2.2 Organisatorische Gestaltungsaspekte zum Ausführungssystem

Die in Abbildung 4-6 dargestellten Gestaltungsaspekte und Gestaltungsmerkmale charakterisieren die Funktionsausführung im Ausführungssystem.

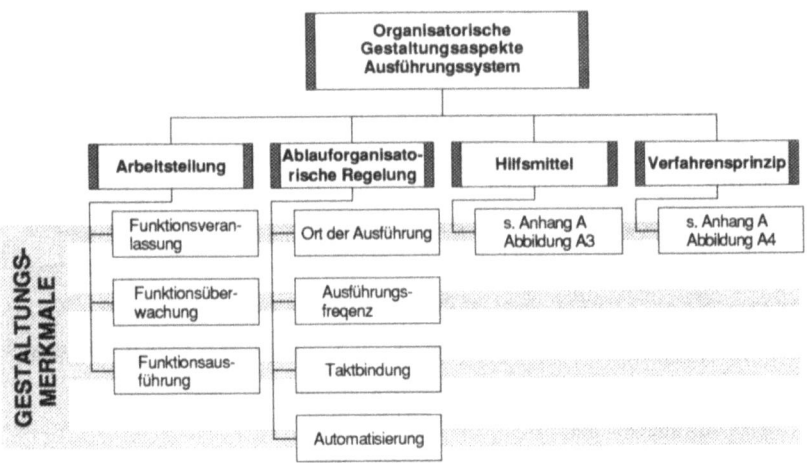

Abb. 4-6:   Organisatorische Gestaltungsaspekte und -merkmale zum Ausführungssystem.

Arbeitsteilung

Das Gestaltungsmerkmal "Funktionsveranlassung" kennzeichnet die Art der Funktionsinitiierung. Die Merkmalsausprägung "Ereignisorientierte Funktionsveranlassung" liegt dann vor, wenn die Funktion in unregelmäßigen Zeitabständen durch das Auftreten eines zeitlich nicht determinierten Ereignisses zwangsläufig und unmittelbar initiiert wird. Die Merkmalsausprägung "Selbsbestimmte Funktionsveranlassung" ist dann gegeben, wenn der Beginn der Funktionsdurchführung vom Ausführenden selbst bestimmt werden kann. Funktionsveranlassung in "Festgelegten Zyklen" ist als Merkmalsausprägung dann gegeben, wenn sich die Funktionsausführung in annähernd gleichen Intervallen oder Zyklen mehrmals hintereinander wiederholt. "Funktionsveranlassung "Auf Anweisung" tritt dann auf, wenn der Funktionsausführende explizit zur Funktionsausführung durch eine andere Person angewiesen wird.

Beim Merkmal "Funktionsüberwachung" wird der Prozess im Hinblick auf Prozeßstörungen und hinsichtlich der Funktionsausführung durch die Ausführenden überwacht. "Funktionsüberwachung" liegt dann vor, wenn im Rahmen der Funktion eine Überwachung teilweise oder sporadisch stattfindet. Als Merkmalsausprägung werden personelle Zuständigkeiten eingeführt. Zur Erfassung dieser Zuständigkeiten wird eine begrenzte Auswahl von Funktionsträgerbezeichnungen (Abbildung A-1) vorgegeben, um einen überbetrieblichen Vergleich zu ermöglichen. Die Funktionsträgerbezeichnungen orientieren sich dabei an in einer Formerei üblicherweise auftretenden Bezeichnungen. Die Auswahl und Zuordnung einer Funktionsträgerbezeichnung zu einer Ausführungsfunktion erfolgt in der Weise, daß die in der Funktionsträgerbezeichnung implizierte Tätigkeit als Haupttätigkeit des Überwachenden bzw. des Ausführenden angesehen wird. "Funktionsüberwachung" kann insgesamt als Einzel- (nur 1. Überwachender ist mit einer Funktionsträgerbezeichnung belegt) und auch als Gruppenarbeit (der 1. und 2. Überwachende ist mit einer Funktionsträgerbezeichnung belegt) dargestellt werden.Das Gestaltungsmerkmal "Funktionsausführung" wird hier ebenso, wie bei den Gestaltungsaspekten zum PPS-System aufgefaßt.

Ablauforganisatorische Regelung

Die Gestaltungsmerkmale "Ort der Ausführung" und "Ausführungsfrequenz der Funktion" werden hier analog zum PPS-System aufgefaßt. Das Merkmal "Taktbin-

dung" kennzeichnet, inwieweit die Funktion in eine Taktzeit (vgl. REFA 1985 a, S. 282) eingebunden ist. Dabei werden die Merkmalsausprägungen
- "keine Taktbindung", d.h. die Funktion ist nicht in eine Taktzeit eingebunden,
- "taktvorgebend", d.h. die Funktion bestimmt allein oder im Zusammenwirken mit anderen Funktionen die Taktzeit und
- "taktgebunden", d.h. die Funktion muß innerhalb einer vorgegebenen Taktzeit durchgeführt werden

unterschieden.

Über das Merkmal "Automatisierung" soll dargestellt werden, inwieweit der Mensch als steuernder und physischer Operator bei der Funktionsdurchführung wirkt. Die Merkmalsausprägungen sind hier
- "manuell", d.h. der Mensch realisiert die Funktionsführung sowie steuernde Tätigkeiten durch unmittelbares physisches Einwirken mit Muskelkraft.
- "mechanisch unterstützt", d.h. wesentliche physische Operationen (z. B. Heben) werden durch maschinelle Arbeit realisiert; steuernde Tätigkeiten werden durch physisches Eingreifen des Menschen dargestellt.
- "mechanisiert", d.h. die Funktionsausführung sowie steuernde Eingriffe in den Funktionsausführungsprozeß werden ausschließlich indirekt vom Menschen realisiert.
- "automatisiert", d.h. über die Merkmalsausprägung "mechanisiert" hinaus, werden hier steuernde Eingriffe in den Funktionsausführungsprozeß nicht mehr von Menschen, sondern über soft- bzw. hardwaremäßige Lösungen erreicht.

Hilfsmittel

Als Merkmalsausprägungen beim Gestaltungsaspekt "Hilfsmittel" wird ein Katalog von in Gießereien eingesetzten Hilfsmittel eingeführt (Abbildung A-3).

Verfahrensprinzip

Unter dem Gestaltungsaspekt "Verfahrensprinzip" werden Gestaltungsmerkmale zusammengefaßt, die die Funktionsdurchführung weiter spezifizieren. Diese Gestaltungsmerkmale können nicht für alle Funktionen einheitlich dargestellt werden, da sich einzelne Gestaltungsmerkmale ausschließlich auf eine oder wenige Funktionen beziehen. Die funktionsspezifische Zuordnung von Gestaltungsmerkmalen und -merkmalsausprägungen ist in Abbildung A-4 aufgeführt. Auf eine begriffliche Bestimmung wird verzichtet, da hier die branchenübliche Nomenklatur verwendet wird.

5. Datenerhebung

Nachdem nun der Untersuchungsgegenstand konzeptualisiert und operationalisiert ist, erfolgt in diesem Abschnitt die Abgrenzung des Untersuchungsfeldes für die Feldstudie sowie die Beschreibung der angewendeten Erhebungstechnik.

5.1 Abgrenzung des Untersuchungsfeldes

Da im Untersuchungsansatz von der Arbeitshypothese ausgegangen wurde, daß unterschiedliche, von der Situation und von dem Ausführungssystem abhängige Organisationsformen zur PPS ermittelt werden können, ist es von Bedeutung, ein möglichst heterogenes Spektrum von Gießereiunternehmen zu erfassen. Insgesamt liegen der Untersuchung 102 Formereiarbeitssysteme in 40 Unternehmen zugrunde (Abbildung 5-1). Gießereien mit weniger als 50 Mitarbeitern wurden in geringerem Maße berücksichtigt, da innovative Impulse zur organisatorischen Gestaltung der PPS in Formereien eher von größeren Betrieben erwartet wurden. Deshalb sind Gießereien mit mehr als 50 Mitarbeitern gegenüber der realen Betriebsgrößenverteilung leicht überpräsentiert.

5.2 Erhebungstechnik

Die Datenerhebung wurde in Form einer vergleichenden Feldstudie durchgeführt. Die Vorgehensweise zur Erhebung der Daten gliedert sich in 3 Arbeitsschritte:

Arbeitsschritt 1 - Pretest

In diesem Arbeitsschritt wird ein vorläufiger Fragebogen in 4 Betrieben zur Datenerfassung erprobt. Ziel des Pretests ist es, den eingesetzten Fragebogen im Hinblick auf Vollständigkeit, begriffliche und inhaltliche Verständlichkeit zu überprüfen. Ergeben sich im Verlauf dieser ersten Erhebungen Hinweise auf Unzulänglichkeiten im Sinne des Pretest-Zieles, so sind diese vor der eigentlichen Datenerfassung zu beseitigen. Gegebenenfalls muß der Fragebogen in einem iterativen Vorgehen mehrfach modifiziert werden.

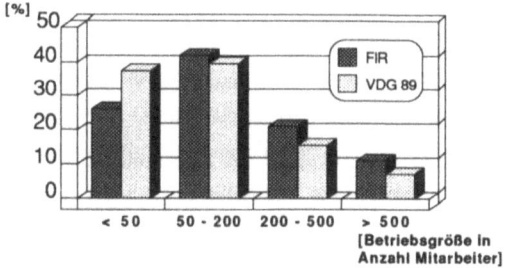

Abb. 5-1: Untersuchungsfeld nach dem Merkmal Betriebsgröße.

Arbeitsschritt 2 - Datenerfassung

Die Datenerfassung erfolgt in halbstandardisierten Interviews. Die Vorteile dieser Art der Datenerfassung sind darin zu sehen, daß die standardisierten Fragen des Fragebogens die Objektivität der Datenerfassung sicherstellen können (vgl. DICHTL/KAISER 1978, S. 490), hingegen es die freien Fragen ermöglichen, individuelle und betriebsspezifische Einflußgrößen, Vorstellungen und Absichten zu erheben. Operativ gesehen, wurden die Daten im Verlauf von ein- bis zweitägigen Betriebsuntersuchungen und in Gesprächen mit leitenden Personen der Unternehmen erhoben. Insbesondere die Gestaltung der derzeitigen Formereiausführungssysteme wurde am Objekt selbst erfaßt. Die Erfassung der organisatorischen Gestaltung der PPS-Systeme wurde anhand der typischen Art der Auftragsabwicklung für einen Fertigungs- bzw. Kundenauftrag durchgeführt. Die Vorstellungen über die zukünftige Gestaltung des untersuchten Objektes wurden in intensiven Diskussionen mit betrieblichen Entscheidungsträgern erörtert und im Erhebungsbogen abgebildet. Dabei erlaubt die Systematik des Erhebungsbogens die Erweiterung der Gestaltungsaspekte um neue Gestaltungsaspekte, falls diese von den befragten Unternehmen als gestaltungsrelevant angesehen werden.

Arbeitsschritt 3 - Datenüberprüfung

Damit Daten, die im Rahmen von empirischen Untersuchungen erhoben werden, zur Herleitung von wissenschaftlich abgesicherten Aussagen herangezogen werden können, müssen sie den drei Kriterien Objektivität, Reliabilität und Validität genügen (vgl. PFENNIG 1988, S. 64).

Objektivität bezeichnet dabei die Anforderung, eindeutige und reproduzierbare Ergebnisse zu ermitteln und subjektive Einflußfaktoren bei der Ermittlung weitgehend auszuschließen. Die Objektivität der Gegenwartsprofilerfassung wurde dadurch sichergestellt, daß die Systemprofile unmittelbar durch das Untersuchungsteam in Kooperation mit mehreren Personen des Unternehmens erhoben und in dem Erhebungsbogen abgebildet wurden. Subjektiv beeinflußte unterschiedliche Auffassungen über Sachverhalte konnten am Objekt unmittelbar diskutiert und objektiviert werden. Die Objektivität der Zukunftsprofile wurde gesichert, indem entweder Entscheidungsträger interviewt wurden, die die Vorstellungen der für die Zukunftsgestaltung Verantwortlichen repräsentieren oder aber selbst solche Verantwortliche (Inhaber, Geschäftsführer) waren.

Unter Reliabilität wird die Verläßlichkeit verstanden, bei wiederholter Messung unter gleichen Bedingungen Meßwerte reproduzieren zu können. Die Reliabilität ist dabei umso geringer, je größer die Unterschiede zwischen den Messungen derselben Eigenschaft bei wiederholter Durchführung sind (vgl. MAGNUSSON 1969, S. 67). Nach PFENNIG (1988, S. 66) kann bei einer eindeutigen Definition der Merkmale sowie deren Ausprägungen und nach der Durchführung eines Pretests von der Reliabilität der erhobenen Daten ausgegangen werden.

Nach MAGNUSSON (1969, S. 132) bezieht sich die Validität einer Methode auf die Sicherheit, mit welcher sinnvolle und relevante Messungen ausgeführt werden können. D. h., daß die Messungen wirklich die Eigenschaften erfassen, die gemessen werden sollen. Nach DICHTL/KAISER (1978, S. 492) läßt sich die Validität über eine gedankliche Prüfung sicherstellen. Bei der gedanklichen Validitätsprüfung wird untersucht, ob mit unterschiedlichen Merkmalen gleiche Sachverhalte gemessen werden. Die Gestaltungsmerkmale und Systemfunktionen sowie die Situationsmerkmale wurden im Verlauf der Feldstudie permanent einer gedanklichen Prüfung unterzogen. Dabei ergaben sich keine Hinweise darauf, daß mit unterschiedlichen Merkmalen gleiche Sachverhalte gemessen wurden.

6. Datenauswertung

Die im Rahmen der Feldstudie erhobenen Rohdaten stellen ein sehr großes Datenvolumen dar, das aufgrund seiner Komplexität nicht ohne geeignete Datenauswertungsverfahren analysiert und interpretiert werden kann. Ziel der Datenauswertung ist es deshalb, die Fülle des vorliegenden Rohdatenmaterials systematisch zu verdichten, um die relevanten Eigenschaften der Objektmenge - 102 Formereiarbeitssysteme - im Hinblick auf Situation, PPS- und Ausführungssystem zu erkennen und interpretationsfähige Typen zu finden.

6.1 Methode der Clusteranalyse

Zur Datenauswertung bedarf es geeigneter statistischer Analyseverfahren, die in der Lage sind, multivariat vorliegende Objekte über alle Merkmale gleichzeitig auszuwerten und zu verdichten. Diese Anforderung ist bei Verfahren der multivariaten Statistik gegeben.

Beim Einsatz dieser Verfahren ist zu beachten, daß es sich "im strengen Sinne ... nicht um Verfahren und Methoden" handelt, die zwangsläufig "von einem fest definierten Ausgangszustand zu einem definierten Endzustand führen, sondern um Modelle, die nur unter gewissen Prämissen eine ökonomische Abbildung des untersuchten Gegenstandsbereiches ermöglichen. Die zu erzielenden Ergebnisse sind somit nicht wahr oder falsch, vielmehr modellabhängig und daher dem Gegenstand mehr oder weniger angemessen" (STEINHAUSEN/LANGER 1977, S. 25; VOGEL 1975, S. 15, S. 198).

Da die Objektmenge in Typen differenziert werden soll, wird die Auswertung des Datenmaterials mit Hilfe der Clusteranalyse vorgenommen. Die Clusteranalyse hat zum Ziel, eine Anzahl von Objekten, die durch Merkmale und deren Merkmalsausprägungen beschrieben werden können, so in Gruppen bzw. Klassen einzuordnen, daß die in einer Gruppe zusammengefaßten Objekte im Hinblick auf ihre Merkmale einander möglichst ähnlich sind. Untereinander sollen die Gruppen jedoch möglichst unähnlich sein (vgl. VOGEL 1975, S. 1).

Die Untersuchung orientiert sich bei der Durchführung der Clusteranalyse an den Empfehlungen von STEINHAUSEN/LANGER (1977, S. 22), wo folgende Arbeitsschritte vorgeschlagen werden:
- Aufbereitung der Ausgangsdaten (Abschnitt 6.2),
- Festlegung der Ähnlichkeitsmaße (Abschnitt 6.3),
- Auswahl eines Klassifikationsverfahrens (Abschnitt 6.4) und
- Operative Durchführung und Interpretation der Ergebnisse (Abschnitte 6.5, 6.6., 6.7).

6.2 Aufbereitung der Ausgangsdaten

Merkmalsskalierung

Ausgangsbasis der mit Hilfe der Clusteranalyse durchzuführenden Typenbildung sind die die Objekte beschreibenden Merkmale und deren Merkmalsausprägungen.

Die Beschreibung eines Objektes über Merkmale bzw. Merkmalsausprägungen orientiert sich je nach vorliegenden Ausgangsdaten an Skalen mit unterschiedlichem Skalenniveau. Skalen können hinsichtlich ihres Informationsgehalts in vier unterschiedliche Skalenniveaus unterschieden werden (Abbildung 6-1) (vgl. STRACK 1987, S. 62).

Nominal skalierte Merkmale liegen vor, wenn die Merkmalsausprägungen durch zugeordnete Zahlen lediglich unterschieden werden können (z. B. Merkmal Eisensorte 1= GGL; 2= GGG; 3= GS; 4= GT). Ein Sonderfall nominaler Merkmale stellt ein Merkmal mit nur zwei Merkmalsausprägungen dar - binäres Merkmal -. Solche Merkmale treten häufig mit den Ausprägungen - Merkmal vorhanden/nicht vorhanden - auf.

Ordinal skalierte Merkmale liegen dann vor, wenn die Merkmalsausprägungen über die Klassifizierung hinaus in eine Rangordnung gebracht werden können (z. B. 1 = hoch; 2 = mittel; 3 = gering). Man spricht hier auch von einer partiellen Ord-

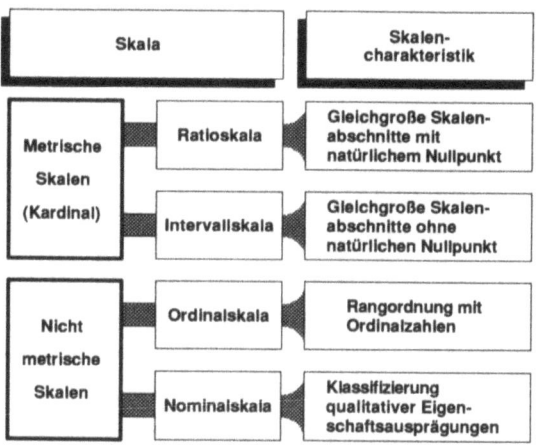

Abb. 6-1:   Skalenniveaus.

nung, weil aus der Rangstufe noch nicht die Größe der Unterschiede zwischen den Merkmalsausprägungen abgeleitet werden kann. Wenn die Abstände der Merkmalsausprägungen durch einen räumlichen Abstandsbegriff (Metrik) beschrieben werden können, so liegen intervallskalierte Merkmale vor. Kann darüberhinaus die Position einer Merkmalsausprägung relativ zu einem absoluten Nullpunkt der Skala zahlenmäßig angegeben werden, so spricht man von ratioskalierten Merkmalen. Somit enthalten metrisch bzw. kardinal skalierte Daten Informationen über die Ordnung der Objekte und auch über die Größe der Unterschiede zwischen den Objekten.

Mit der dargestellten Skaleneinteilung ist es möglich, die einzelnen Skalen so in Niveaustufen einzuteilen, daß die Eigenschaften einer unteren Skalierung in den höheren Skalierungen mit enthalten sind. Der Informationsgehalt der Merkmale nimmt dabei mit steigendem Skalenniveau zu. Somit können Daten von einer höheren Skala auf eine niedrigere Skala transformiert werden. Diese Transformation ist aber immer mit einem Informationsverlust verbunden. Eine Transformation in umgekehrter Richtung kann nur unter Einbeziehung zusätzlicher Informationen erfolgen (vgl. STEINHAUSEN/LANGER 1977, S. 30).

Da für die Datenauswertung alle Merkmale gleiches Skalenniveau besitzen müssen und einige Merkmale nicht nominalskaliert sind, werden Merkmale mit Rohdaten auf einem höheren Skalenniveau auf das nominale Skalenniveau transformiert.

Überprüfung der internen Gewichtung der Merkmale

Das Ergebnis der Typisierung wird durch eine Gewichtung der Merkmale beeinflußt. Eine Gewichtung von Merkmalen liegt dann vor, wenn hohe Korrelationen zwischen zwei Merkmalen festgestellt werden. Es wird dann davon ausgegangen, daß inhaltlich gleiche Sachverhalte redundant dargestellt werden. Damit geht der Sachverhalt mit verstärktem Gewicht in die Typisierung ein und kann zu verzerrten Ergebnissen führen. Zur Beurteilung und Interpretation der Typisierungsergebnisse ist es deshalb notwendig, alle verfügbaren Informationen über eine Gewichtung der Merkmale zu berücksichtigen. Zur Berücksichtigung dieser Gewichtung bei der Interpretation der Ergebnisse schlägt VOGEL (1975, S.9 f.) vor, eine Korrelationsanalyse zwischen den Merkmalen durchzuführen. Hierbei fordert er, bei Merkmalskombinationen mit hohen Korrelationskoeffizienten (Korrelationskoeffizient ≥ 0,9) zu prüfen, ob Merkmale mit gleicher Aussage als redundant aus der Typisierung herausgenommen werden sollten.

Diese Forderung bezieht sich auf die Situations- und Organisationsmerkmale für das PPS- und Ausführungssystem. Diese Forderung wird mit Hilfe der Korrelationsanalyse überprüft. Die Wahl eines geeigneten Verfahrens zur Korrelationsanalyse orientiert sich dabei primär am Skalenniveau der erhobenen Ausgangsdaten. In Abbildung 6-2 sind abhängig von Skalenniveaus häufig eingesetzte Koeffizienten dargestellt.

Zur Überprüfung der Korrelationen wird der Kontingenzkoeffizient nach PEARSON bestimmt. Dieses Maß für Zusammenhänge ist für die vorliegende Problemstellung deshalb gewählt worden, weil die Merkmale in nominal skalierter Form mit mehreren Merkmalsausprägungen vorliegen (Abbildung 6-3) und deshalb andere Maße (z. B. der Korrelationskoeffizient) nicht geeignet sind (vgl. BAMBERG/BAUER 1989, S. 36).

Der Kontingenzkoeffizient berechnet sich wie folgt (vgl. BAMBERG/BAUR 1989, S. 40 f.):

$$C: = \sqrt{\frac{X^2}{n_g + X^2}} \quad (6\text{-}1)$$

$$mit \quad X^2: = \sum_{i=1}^{r} \sum_{j=1}^{s} \frac{h_{ij} - \frac{h_{i.} * h_{.j}}{n_g}}{\frac{h_{i.} * h_{.j}}{n_g}} \quad (6\text{-}2)$$

$$mit \quad h_{i.}: = \sum_{j=1}^{s} h_{ij} \quad und \quad h_{.j}: = \sum_{i=1}^{r} h_{ij} \quad (6\text{-}3)$$

Merkmal 1 / Merkmal 2	Kardinal	Ordinal	Nominal
Kardinal	Bravais - Pearson - Korrelations - Koeffizient		
Ordinal		Rangkorrelationskoeffizient von Spearman	
Nominal			Kontingenz-Koeffizient

Abb. 6-2: Korrelationskoeffizienten (vgl. BAMBERG/BAUR 1989, S. 36).

Der Kontingenzkoeffizient nimmt dabei Werte $0 \leq C \leq 1$ an. Wenn C den Wert 0 annimmt, kann angenommen werden, daß beide Merkmale unabhängig sind. Mit zunehmender Abhängigkeit der Merkmale wächst auch C. Der maximale Wert von C = 1 kann nur dann erreicht werden, wenn binäre Merkmalsausprägungen vorliegen. Bei Merkmalen mit mehreren Merkmalsausprägungen ist der maximale Kontingenzkoeffizient C_{max} von r und s abhängig (vgl. BAMBERG/BAUR 1989, S. 40). Der korrigierte Kontingenzkoeffizient C_{corr} berechnet sich dann zu:

$$C_{max} = \sqrt{\frac{R-1}{R}} \quad mit \quad R = \min\{r,s\} \quad (6\text{-}4)$$

$$C_{corr} = \frac{C}{C_{max}} = \sqrt{\frac{R}{R-1}} \sqrt{\frac{X^2}{X^2+n_g}} \qquad (6-5)$$

M_2 \ M_1	MA_{11} MA_{12} MA_{13} ... MA_{1s}	Randhäufigkeit $h_{i.}$
MA_{21} MA_{22} MA_{23} . . . MA_{2r}	h_{11} ... . h_{rs}	$h_{1.}$ $h_{2.}$ $h_{3.}$ . . $h_{r.}$
Randhäufigkeit $h_{.j}$	$h_{.1}$ $h_{.2}$ $h_{.3}$ ... $h_{.s}$	n_g

M_1 = Merkmal 1 M_2 = Merkmal 2
MA_{1j} (j = 1 ... s) = Merkmalsausprägung zum Merkmal 1
MA_{2i} (i = 1 ... r) = Merkmalsausprägung zum Merkmal 2
h_{ij} = Häufigkeit, mit der eine bestimmte Kombination der Ausprägung zweier Merkmale auftritt

Abb. 6-3: Prinzip der Kontingenztafel für nominale Merkmale mit mehreren Ausprägungen.

Für die weiteren Berechnungen wird ausschließlich der korrigierte Kontingenzkoeffizient herangezogen, um die gesamte Beurteilungsspanne $0 \leq C_{corr} \leq 1$ nutzen zu können.

Die Berechnung der Kontigenzkoeffizienten für das der Untersuchung zugrundeliegende Rohdatenmaterial wird mit dem Programmpaket SPSS - PC+ aus der Programmbibliothek des Forschungsinstituts für Rationalisierung durchgeführt. Die Ergebnisse der Kontingenzberechnung sind in Anhang F dargestellt.

Da der von VOGEL (1975, S. 9 f.) empfohlene Grenzwert von 0,9 bei keiner Merkmalskombination festgestellt werden konnte, können die vorliegenden Merkmale einer Clusteranalyse zugrundegelegt werden.

Üblicherweise wird im Anschluß an die Bestimmung des Kontingenzkoeffizienten ein

Kontingenztest durchgeführt. Mit diesem Kontingenztest wird geprüft, ob ein signifikanter Zusammenhang zwischen zwei Merkmalen angenommen werden kann (vgl. BAMBERG/ BAUR 1989, S. 202 f.). Da aber im vorliegenden Fall nur bei einem Kontingenzkoeffizienten $\geq$ 0,9 auf signifikante Zusammenhänge zu testen ist, muß der Kontingenztest hier nicht durchgeführt werden.

6.3 Festlegung der Ähnlichkeitsmaße

Nachdem nun für die Rohdaten der Untersuchung ein geeignetes Skalenniveau ermittelt und die interne Gewichtung der Merkmale überprüft wurde, müssen hier nun geeignete Maße gefunden werden, über die die Ähnlichkeit bzw. Unähnlichkeit der Objekte dargestellt werden kann.

In der Literatur findet man eine Vielzahl von Ähnlichkeitsmaßen (vgl. BOCK 1974 und 1980; SODEUR 1974; STEINHAUSEN/LANGER 1977; VOGEL 1975).

Eine Bestimmungsgröße für die Auswahl eines Ähnlichkeitsmaßes ist das Skalenniveau der Merkmale. Da hier ausschließlich nominalskalierte Merkmale vorliegen, wird im folgenden nur auf die Ähnlichkeitsmaße für nominal skalierte Daten eingegangen.

Zur Darstellung der Ähnlichkeit zwischen zwei Objekten müssen die Merkmalsausprägungen über eine geeignete Funktion (Ähnlichkeitsfunktion) auf eine Ähnlichkeitsmaßzahl abgebildet werden. Solche Ähnlichkeitsmaßzahlen lassen sich größtenteils auf die in Abbildung 6-4 dargestellte Ähnlichkeitsfunktion zurückführen (vgl. BACKHAUS 1986, S. 73). Über die Variation der Gewichtungsfaktoren δ und α ergeben sich die einzelnen in Abbildung 6-4 aufgeführten Ähnlichkeitsmaßzahlen bzw. -koeffizienten.

Diese Berechnungsgrundlage gilt aber für nominalskalierte Merkmale nur dann, wenn die Merkmalsausprägungen als binäre Variablen vorliegen. Für den Fall nominaler Merkmale mit mehreren Ausprägungen, wie sie hier vorliegen, müssen die Aus-

Ähnlichkeitsmaße

Ähnlichkeits-koeffizient	Gewichtungsfaktor δ	α	Funktion
Tanimoto	0	1	$\dfrac{a}{a+b+c}$
Simple Matching	1	1	$\dfrac{a+e}{m}$
Russel & Rao (RR)	–	–	$\dfrac{a}{m}$
Dice	0	0,5	$\dfrac{2a}{2a+b+c}$
Kulczynski	–	–	$\dfrac{a}{b+c}$

Kombinationsmöglichkeiten

	Objekt 2 Merkmalsausprägung vorhanden = (1)	Merkmalsausprägung nicht vorhanden = (0)	
Objekt 1 Merkmalsausprägung vorhanden = (1)	a	c	a+c
Merkmalsausprägung nicht vorhanden = (0)	b	e	b+e
	a+b	c+e	a+b+c+e = m

Ähnlichkeitsfunktion

$$S_{ij} = \frac{\alpha\, a + \delta \cdot e}{a + \delta \cdot e + \alpha\,(b + c)}$$

S_{ij} = Ähnlichkeit zwischen den Objekten i und j
δ, α = mögliche Gewichtungsfaktoren
a, b, c, e = Anzahl Merkmalsausprägungskombinationen zwischen
Objekt 1 und 2

Abb. 6-4: Ähnlichkeitsfunktion.

prägungen der Merkmale entweder in binäre Merkmale überführt oder aber zur Berechnung der Ähnlichkeitskoeffizienten muß von einer Mehrfeldertafel ausgegangen werden. Beim Vorliegen einer Mehrfeldertafel kann nicht mehr zwischen positiven (1,1) und negativen (0,0) Übereinstimmungen differenziert werden. Es läßt sich dann nur noch generell zwischen Übereinstimmung bzw. Nichtübereinstimmung unterscheiden. Eine solche Differenzierung ist aber bei allen oben aufgeführten Ähnlichkeitskoeffizienten, bis auf den Simple-Matching-Koeffizienten, notwendig.

Deshalb wird der Simple-Matching-Koeffizient für diese Untersuchung auf Mehrfeldertafeln angewendet.

6.4 Auswahl eines Klassifikationsverfahrens

Klassifikations- bzw. Clusterverfahren haben generell zum Ziel, eine Objektmenge von n Objekten 0_1, ..., 0_n so zu einem System von k Gruppen A_1, ..., A_k zu aggregieren, daß die in einer Gruppe zusammengefaßten Objekte möglichst ähnlich, die Gruppen zueinander aber möglichst unähnlich sind. Im allgemeinen strukturiert man die clusteranalytischen Verfahren nach der Form des Gruppierungsprozesses zunächst in hierarchische und partitionierende Verfahren (vgl. KAUFMANN/PAPE 1984, S. 31).

Hierarchische Verfahren

Hierarchische Klassifikationsverfahren generieren auf unterschiedlichen Ähnlichkeitsbzw. Distanzniveaus eine Hierarchie von Gruppen bzw. Klassen, die sich in Form eines Dendrogramms (Abbildung 6-5) darstellen lassen.

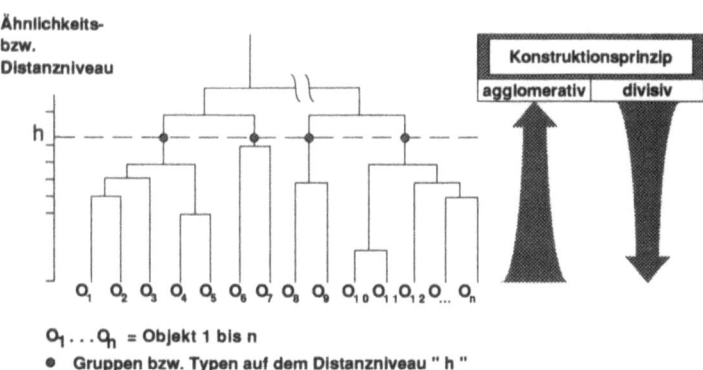

Abb. 6-5:   Konstruktionsprinzipien bei hierarchischen Verfahren.

Hierarchische Verfahren werden entsprechend dem Konstruktionsprinzip weiter in agglomerative und divisive Verfahren unterteilt (vgl. STEINHAUSEN/LANGER

1977, S. 73). Gehen agglomerative Verfahren von der feinsten Partition (jedes Objekt repräsentiert eine Gruppe) aus, so ist die größte Partition (alle Objekte sind zu einer Gruppe zusammengefaßt) Ausgangspunkt bei den divisiven Verfahren.

Divisive Verfahren werden im Vergleich zu agglomerativen Verfahren als weniger leistungsfähig und aufwendiger angesehen (vgl. VOGEL 1975, S. 349; STEINHAUSEN/LANGER 1977, S. 100) und werden deshalb hier nicht weiter betrachtet.

Die hierarchisch agglomerativen Verfahren lassen sich weiter in die Entropieanalyse und in rekursive Verfahren unterscheiden. Da die Entropieanalyse ausschließlich auf binäre Daten angewendet werden kann (vgl. STRACK 1987, S. 77), scheidet die Entropieanalyse als Agglomerationsverfahren aus.

Rekursive Verfahren gehen bei n Objekten zunächst von n Klassen aus und fassen die Objekte zu Klassen zusammen, deren Distanz am geringsten ist. Für die nach diesem ersten Schritt generierten Klassen werden erneut die Distanzen zwischen den Klassen berechnet und auf einem höheren Heterogenitätsniveau zusammengefaßt. Die Berechnung der Distanz $D(A_i, A)$ zwischen einer durch Fusion entstehenden Klasse $A = A_r + A_s$ und einer Klasse A_i erfolgt mit (vgl. BOCK 1974, S. 404):

$$D (A_i, A) = \alpha_s * D (A_i, A_s) + \alpha_r * D (A_i, A_r) + \beta * D (A_r, A_s) \qquad (6\text{-}$$
$$+ \gamma * | D (A_i, A_r) - D (A_i, A_s) | \qquad 6)$$

Die Parameter α_s, α_r, ß und γ nehmen dabei je nach Verfahren unterchiedliche Werte an. Das Ähnlichkeits- bzw. Distanzniveau, auf dem die Bildung der Klasse A erfolgt, wird üblicherweise mit dem Heterogenitätsmaß $h(A) = D(A_r, A_s)$ dargestellt.

Für die Auswahl eines rekursiven Verfahrens wird die Empfehlung von VOGEL (1975, S. 318) aufgegriffen, der das WARD-Verfahren als das leistungsfähigste darstellt. Auch Arbeiten von LEY (1984), STRACK (1987), NITZSCHE (1987), bei denen eine vergleichbare Datenstruktur vorlag, zeigen den erfolgreichen Einsatz des WARD-Verfahrens. Das WARD-Verfahren basiert nicht auf einem Vergleich der Distanzen, sondern versucht die Klassen so zu fusionieren, daß innerhalb der Klassen eine möglichst geringe Heterogenität herrscht. Berücksichtigt man die in der Literatur genannten Vor- und Nachteile, scheint die Durchführung der Clusteranalysen mit dem WARD-Verfahren die größte Effizienz zu versprechen. Deshalb wird dieses Verfahren hier generell eingesetzt.

Bei der Differenzierung der Typen wurde einerseits versucht, die einzelnen Typen deutlich voneinander zu trennen und andererseits sinnvolle Typen zu erhalten, die inhaltlich im Problemzusammenhang interpretierbar sind. Dabei wurden die Typen aus der Darstellungsform Dendrogramm abgeleitet.

6.5 Darstellung von Situationstypen

Grundlage zur Bildung der Situationstypen sind die Situationsmerkmale mit ihren Ausprägungen, die in Abschnitt 4.1 bestimmt wurden. Die sich aus der Kombination der Situationsmerkmalsausprägungen ergebenden vier Situationstypen (ST1, ..., ST4) werden nachfolgend über die Beschreibung ihrer Hauptkennzeichen jeweils gegenüber den anderen Situationstypen dargestellt. Zur Verdeutlichung der Schwerpunkte innerhalb der Situationsmerkmale werden die Ausprägungen hervorgehoben, die 80 % der Objekte eines Typs repräsentieren. Die Ausprägungen, die je Merkmal am häufigsten auftreten, sind in den nachfolgenden Abbildungen schwarz hinterlegt.

Situationstyp 1

Dieser Situationstyp zeichnet sich zunächst durch seine starke Ausrichtung auf die Automobilbranche aus (Abbildung 6-6 und 6-7). Hinsichtlich der Betriebsgröße wurden hier deutlich mittelgroße Gießereien zwischen 150 und 250 Mitarbeitern repräsentiert. Bei Serienfertigung und gleichzeitig geringen Gußteilgewichten zeichnen sich die Ausführungssysteme, die hinter diesem Situationstyp stehen, durch eine geringe Personalintensität aus. Im Ausführungssystem werden überwiegend einteilige Formwerkzeuge mit einfachen Konturen eingesetzt. Die Gußteile sind kernarm, häufig sogar kernlos.

Die diesem Situationstyp zugeordneten Ausführungssysteme sind in den Gießereien nicht die einzigen, sondern greifen parallel zu weiteren Ausführungssystemen auf die ver- und entsorgenden Bereiche zurück.

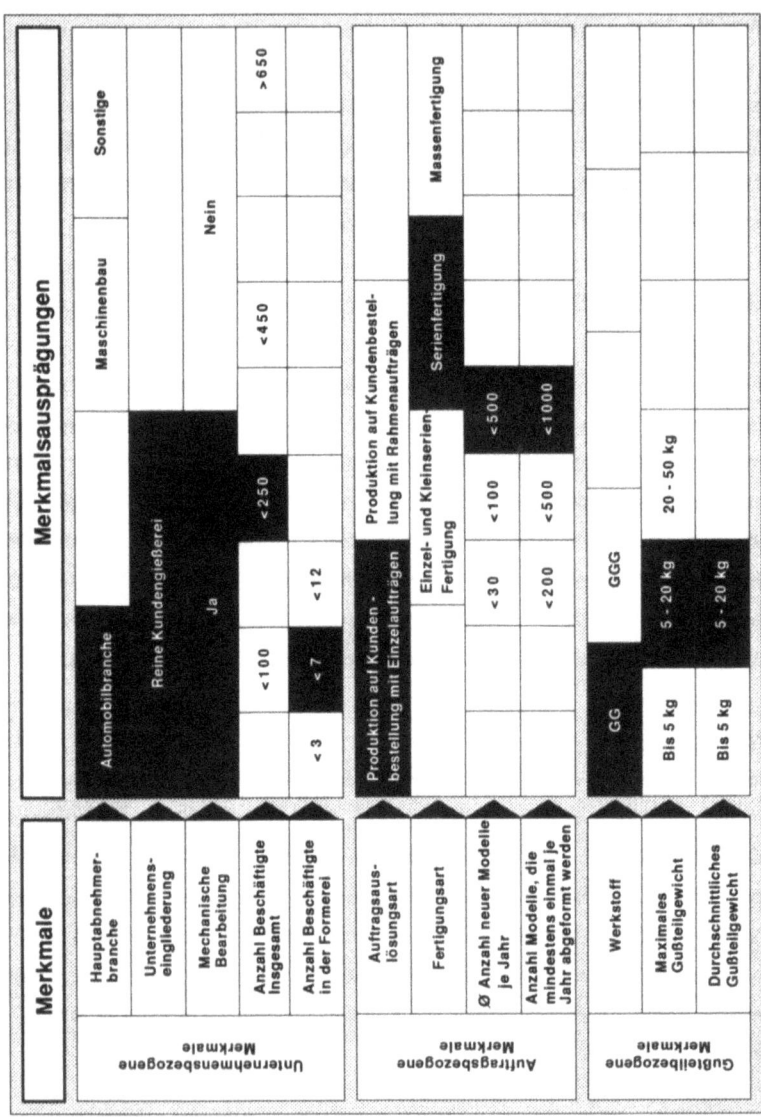

Abb. 6-6: Situationstyp 1 (I).

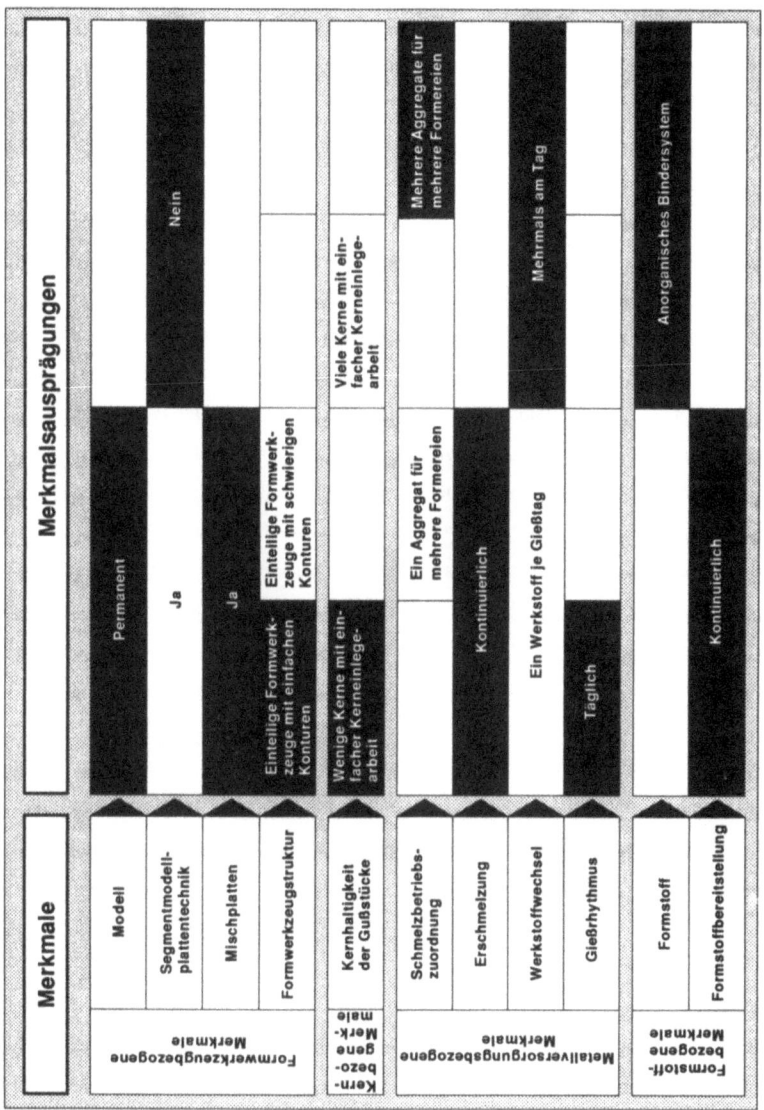

Abb. 6-7: Situationstyp 1 (II).

Insgesamt stehen hinter diesem Situationstyp Formereiarbeitssysteme, die sich auf ein enges branchenspezifisches Gußteilspektrum spezialisiert haben. Die geringe Personalkapazität in Verbindung mit Serienfertigung sind Indizien dafür, daß hier hoch produktive, hochmechanisierte bzw. automatisierte Ausführungssysteme eingesetzt werden.

Situationstyp 2
Der Branchenschwerpunkt bei diesem Situationstyp liegt beim Maschinenbau (Abbildung 6-8 und 6-9). Im Hinblick auf die Betriebsgröße sind in diesem Situationstyp kleinere und kleinste Gießereien zusammengefaßt. Der Schwerpunkt liegt hier bei einer Betriebsgröße < 50 Mitarbeiter. In Formereiarbeitssystemen dieses Typs wird ausschließlich in Einzel- und Kleinserien bei einer breiten Gußgewichtsspanne zwischen 20 kg und > 1 Tonne je Gußteil gefertigt. Die Personalintensität ist bei diesem Typ eher als gering einzustufen. Kennzeichnend ist weiterhin die Tendenz zu einer hohen Anzahl aktiver Modelle. In den Ausführungssystemen werden überwiegend einteilige Formwerkzeuge mit einfachen Konturen eingesetzt. Bei der Kernhaltigkeit zeigt sich eine Polarisierung bei den beiden Extremausprägungen mit Schwerpunkt bei wenigen Kernen mit einfacher Kerneinlegarbeit. Weiterhin kennzeichnend für diesen Typ ist, daß häufig nicht täglich abgegossen wird und auch die Formstoffbereitstellung auf einem relativ geringen Mechanisierungsniveau steht.

Zusammenfassend weist dieser Situationstyp auf Formereien mit geringem Mechanisierungsniveau hin. Traditionell und handwerklich orientierte Formereien, die ein breites Spektrum unterschiedlichster Gußteile produzieren, bilden hier den Schwerpunkt.

Situationstyp 3
Bezogen auf die Abnehmerbranche sind in diesem Typ ähnlich wie in Situationstyp 2 Formereien vertreten, die überwiegend den Maschinenbau mit Gußteilen versorgen (Abbildung 6-10 und 6-11). Diese Formereien findet man in kleinen bis mittelgroßen Gießereien, wobei der Schwerpunkt bei einer Betriebsgröße zwischen 100 und 150 Mitarbeitern liegt. Hinsichtlich der Fertigungsart dominieren hier Einzel- und

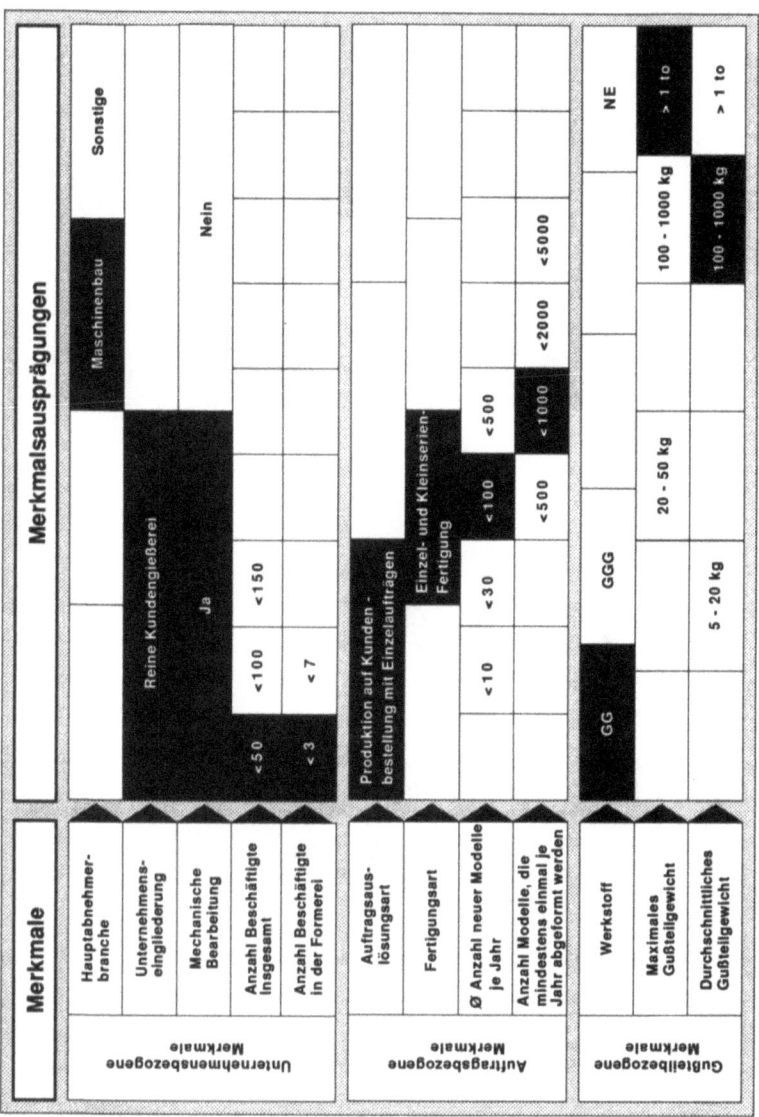

Abb. 6-8: Situationstyp 2 (I).

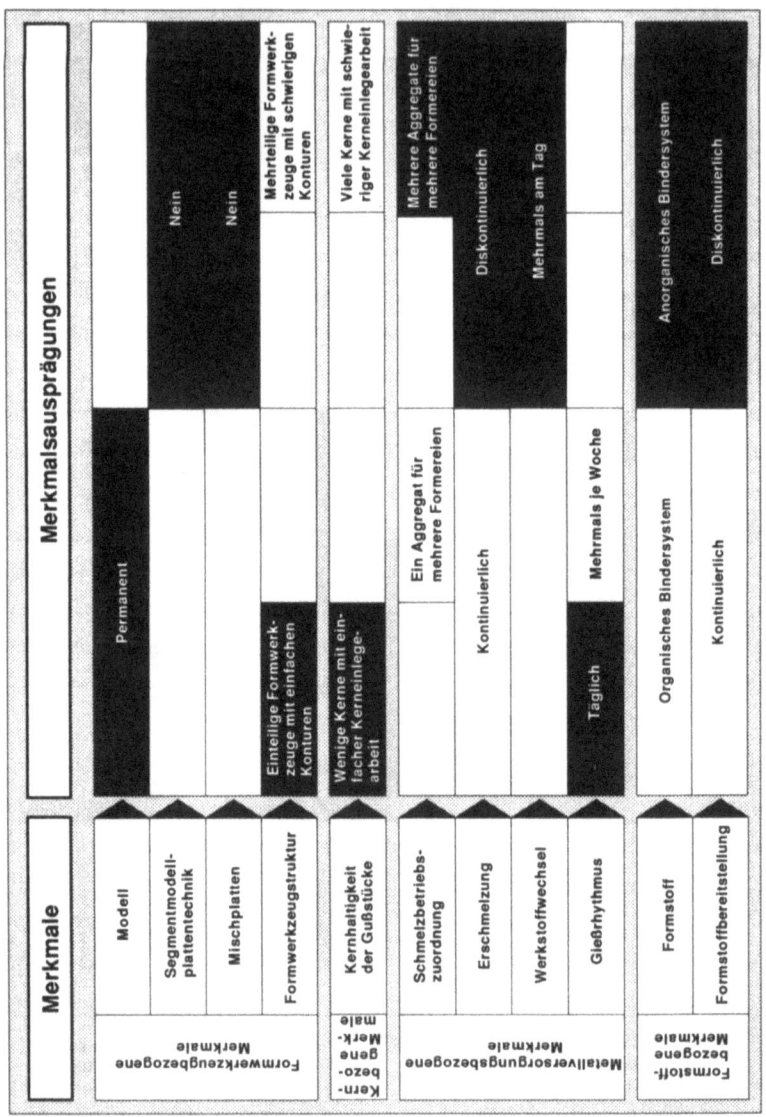

Abb. 6-9: Situationstyp 2 (II).

Kleinserienfertigung sowie Einmalfertigung. Kennzeichnend für dieses Typ ist weiterhin die Tendenz zu einer relativ geringen Anzahl aktiver Modelle.

Gußteile, die hier abgeformt werden sind überwiegend schwere bis sehr schwere Teile mit schwieriger Kerneinlegearbeit und vielen Kernen. Die eingesetzten Formwerkzeuge sind fast ausschließlich mehrteilig und weisen schwierige Konturen auf. Als Formstoff werden hier ausschließlich organisch gebundene Sande eingesetzt.

Herausragendes Merkmal dieses Typs sind die großen und schweren Gußteile, mit anspruchsvollen Konturen und hoher Kernhaltigkeit. Hinter diesem Typ stehen handwerklich orientierte Formereien, die ausschließlich in organisch gebundenen Sanden abformen. Einmalfertigung wird hier häufig mit verlorenen Modellen durchgeführt.

Situationstyp 4

Formereien dieses Typs versorgen den Maschinenbau, aber auch die Bauindustrie und die Automobilbranche (Abbildung 6-12 und 6-13). Diese Gießereien sind überwiegend Teil von Unternehmen mit 450 - 550 Mitarbeitern, in denen die Gußteile mechanisch bearbeitet werden. Der Schwerpunkt der Fertigungsart liegt im Bereich der Kleinserien- bis Serienfertigung. Die Gußteilgewichte liegen überwiegend im Gewichtsbereich 100 - 1000 kg mit Tendenz zum unteren Klassenrand. Hinsichtlich der Formwerkzeugstruktur werden einteilige Formwerkzeuge mit schwierigen und einfachen Konturen eingesetzt. Überwiegend findet man in diesen Formereien eine geringe Kernhaltigkeit der Gußteile mit einfacher Kerneinlegearbeit vor. Als Formstoff wird ausschließlich anorganisch gebundener Sand eingesetzt.

Insgesamt charakterisieren die Merkmale Serienfertigung, mittlere Gußteilgewichte und geringe Kernintensität Formereien, in denen mechanisierte und automatisierte Formanlagen eingesetzt werden.

6.6 Darstellung von PPS- und Ausführungssystemtypen

Die PPS- und Ausführungssystemtypen werden auf Basis der Funktionen und der

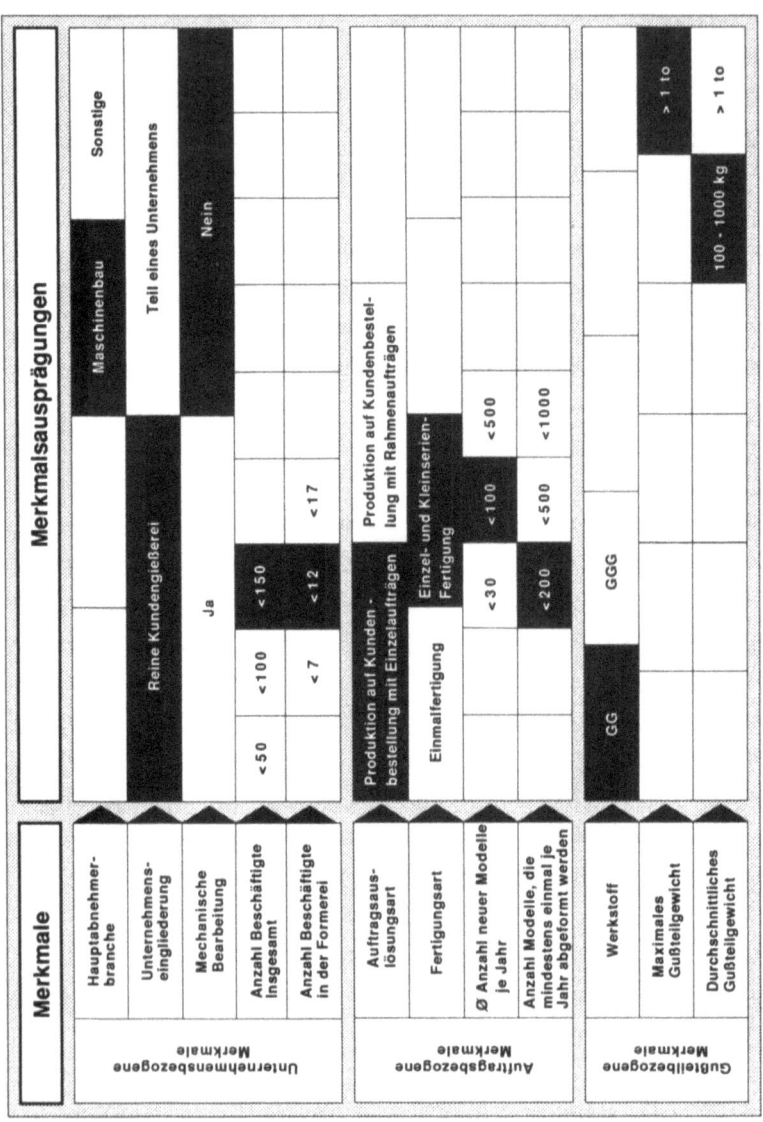

Abb. 6-10: Situationstyp 3 (I).

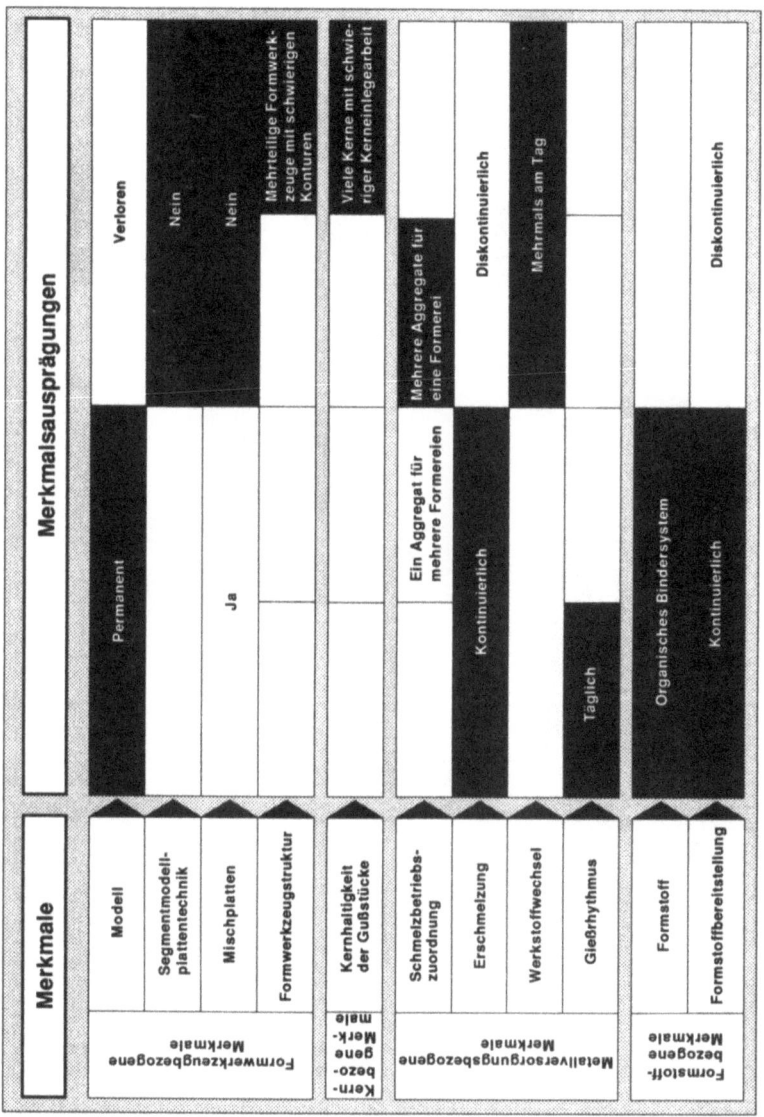

Abb. 6-11: Situationstyp 3 (II).

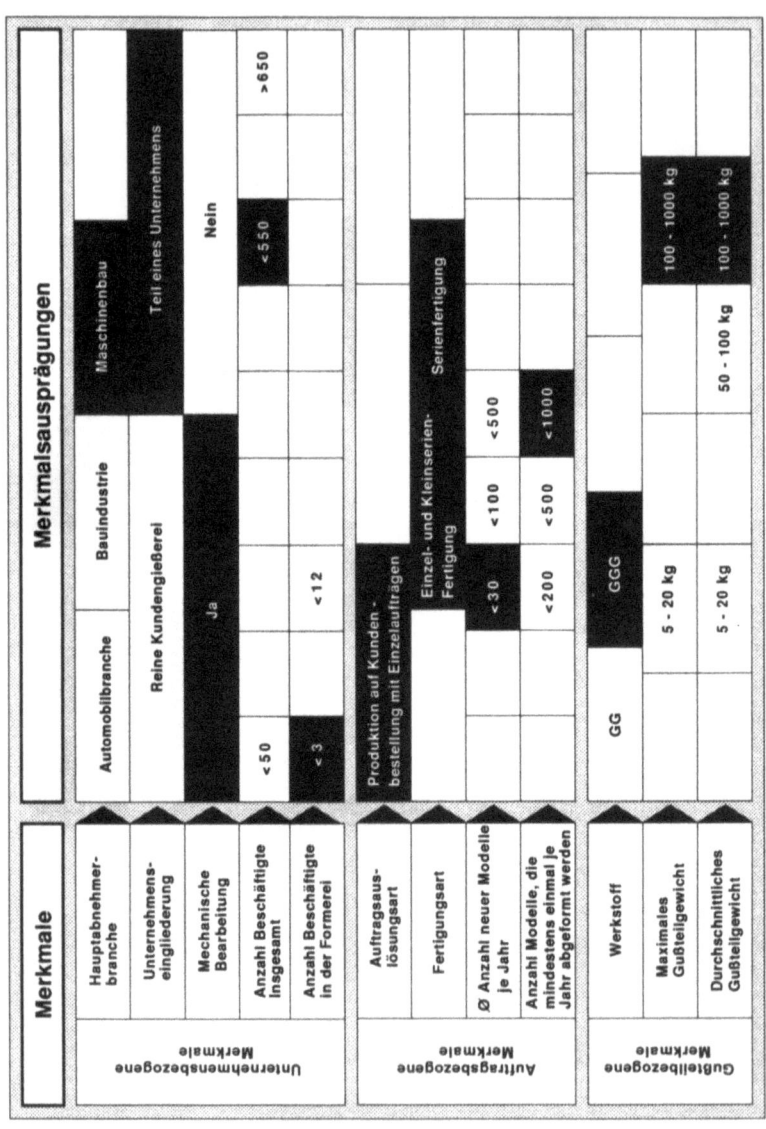

Abb. 6-12: Situationstyp 4 (I).

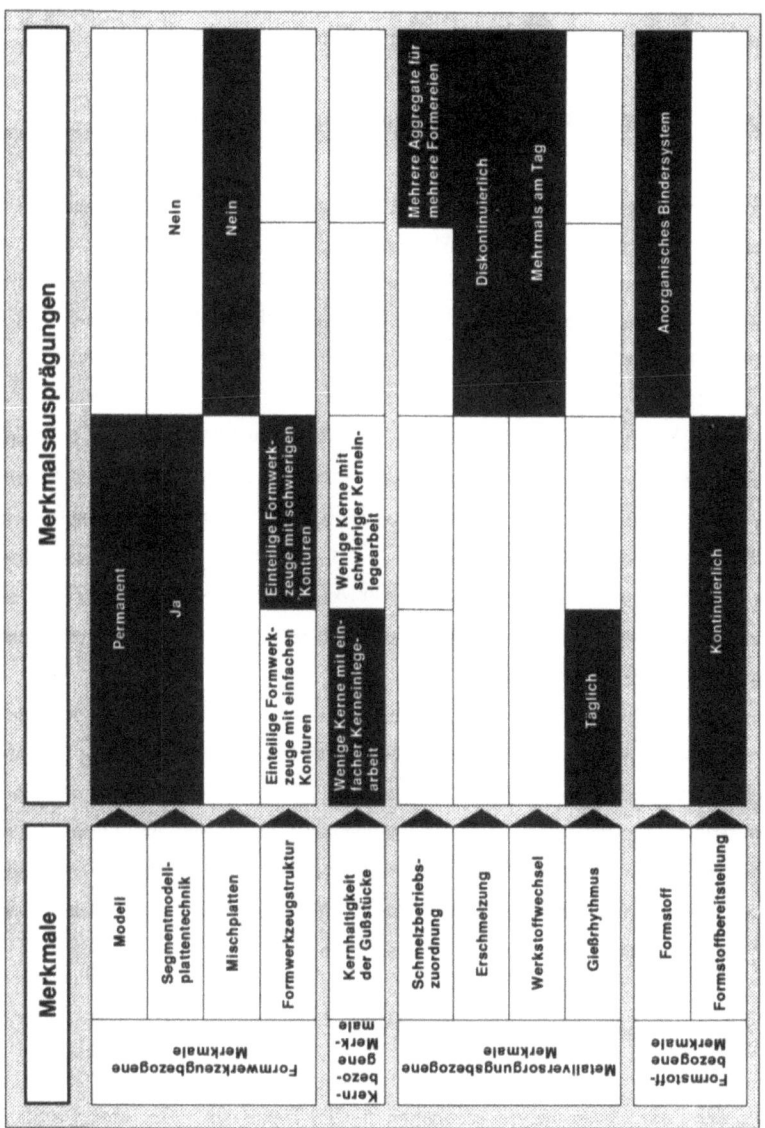

Abb. 6-13: Situationstyp 4 (II).

organisatorischen Gestaltungsaspekte gebildet. Gegenüber den Situationstypen, wo die Typenbildung unmittelbar aus den Rohdaten erfolgt, werden die Typen beim PPS- und Ausführungssystem über mehrere Datenverdichtungsschritte generiert.

6.6.1 Prinzip der mehrstufigen Datenverdichtung

Eine mehrstufige Datenverdichtung wird für das PPS- und das Ausführungssystem deshalb durchgeführt, weil Auswertungsversuche mit der einstufigen Datenverdichtung zeigten, daß die Verdichtungsergebnisse inhaltlich nicht eindeutig interpretierbar waren. In Abbildung 6-14 ist das Prinzip dieser mehrstufigen Datenverdichtung am Beispiel des Ausführungssystems dargestellt.

Im ersten Verdichtungsschritt werden aus den Rohdaten Funktionstypen je Ausführungsfunktion AF_i ermittelt. Für den zweiten Verdichtungsschritt werden die ermittelten Funktionstypen als Merkmalsausprägungen je Ausführungsfunktion aufgefaßt. Die je Objekt vorliegenden Ausprägungen werden nun über alle Ausführungsfunktionen zu Ausführungssystemtypen verdichtet. Ein Ausführungssystemtyp stellt nun eine Gruppe von Gießereien dar, die eine ähnliche Ausgestaltung über alle Ausführungsfunktionen in der Formerei haben.

Für das PPS-System erfolgt die Datenverdichtung bis zu diesem Schritt in gleicher Weise, jedoch getrennt für die Funktionen der Planung und der Steuerung. Demnach liegen also nach dem zweiten Verdichtungsschritt zunächst Planungs- und Steuerungstypen vor. In einem dritten Verdichtungsschritt, werden die Planungs- und Steuerungstypen, wie oben bereits beschrieben, zu PPS-Typen verdichtet. Nach jedem Verdichtungsschritt wird dann eine inhaltliche Interpretation der gefundenen Typen für unterschiedliche Klassenzahlen vorgenommen.

6.6.2 Darstellung von PPS-Typen

Die über die Clusteranalyse ermittelten 5 PPS-Typen sind über ihre Profile im Anhang B in Abbildung B-1 zusammenfassend dargestellt. Die inhaltliche Beschreibung der PPS-Typen ergibt sich aus der Zuordnung (Abbildung 6-15) der PPS-Profile

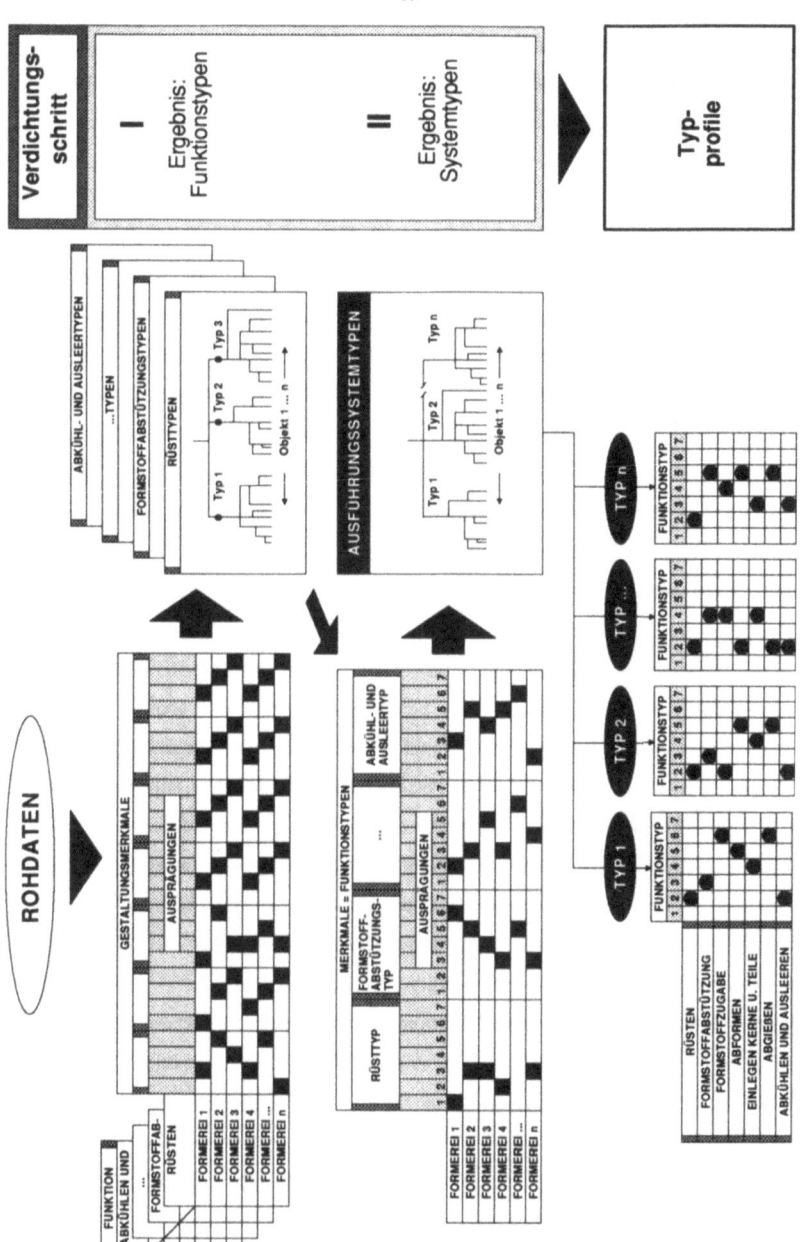

Abb. 6-14: Prinzip der mehrstufigen Datenverdichtung.

(Abbildung B-2 und B-3) zu den PPS-Funktionstypbeschreibungen (Abbildung B-4 bis B-16) in Anhang B. Nachfolgend werden die einzelnen PPS-Typen mit Hilfe der charakteristischen Merkmale beschrieben, über die sie sich von den anderen PPS-Typen unterscheiden.

PPS-Typ 1

Die PPS-Systeme dieses Typs (Abbildung 6-16 und 6-17) sind hinsichtlich der Arbeitsteilung dadurch gekennzeichnet, daß fast alle Funktionen entweder durch einen Betriebsleiter oder einen Meister ausgeführt werden. Eine Arbeitsvorbereitung, sofern sie vorhanden ist, führt einzelne Funktionen (Fertigungsauftragsfreigabe, Auftragsfortschrittsüberwachung) nur in Kooperation mit dem Formereimeister durch. Kennzeichnend ist weiterhin eine Funktionsgruppenteilung zwischen dem Betriebsleiter und dem Meister. Während der Betriebsleiter überwiegend planende Funktionen wahrnimmt und ihm auch die Entscheidung über die Freigabe von Fertigungsaufträgen zugeordnet ist, sind dem Meister deutlich prozeßnahe und kurzfristige Planungsfunktionen sowie ein Großteil der steuernden und abstimmenden Funktionen mit kurzfristigem Zeitrahmen (ca. 1 Tag) zugeordnet. Schnittstellenfunktionen zu versorgenden Bereichen (Kernmacherei, Schmelzerei, Modellbau) werden aber auch selbstbestimmt durch das operative Personal (Former, Gießer) wahrgenommen. Dabei wird die Bereitstellung vom operativen Personal sowohl auf andere Personen in Form einer mündlichen Anweisung übertragen, oder aber die Bereitstellung wird selbst physisch durchgeführt. Teilweise liegen hier auch Arbeitsorganisationsformen vor, in denen das angesprochene operative Personal auch in den versorgenden Bereichen Kernmacherei bzw. Schmelzerei im Leistungserstellungsprozeß neben der Arbeit der Formerei mit eingesetzt wird. Hinsichtlich des Gestaltungsaspektes "Ort der Ausführung" werden die planenden Funktionen vom jeweils Funktionsausführenden zentral für mehrere Formereien wahrgenommen. Dieser Zustand resultiert daraus, daß ein Meister bzw. Betriebsleiter gleichzeitig für mehrere Formereien eingesetzt wird.

Der überwiegende Teil der Planungsfunktionen wird mehrmals wöchentlich, in seltenen Fällen mehrmals täglich durchgeführt, wobei das Zeitraster der Planung bei einer Woche bis einem Tag liegt. Hier werden also Kundenaufträge überwiegend wochengenau mittels Rückwärtsterminierung in die Formerei und die Kernmacherei

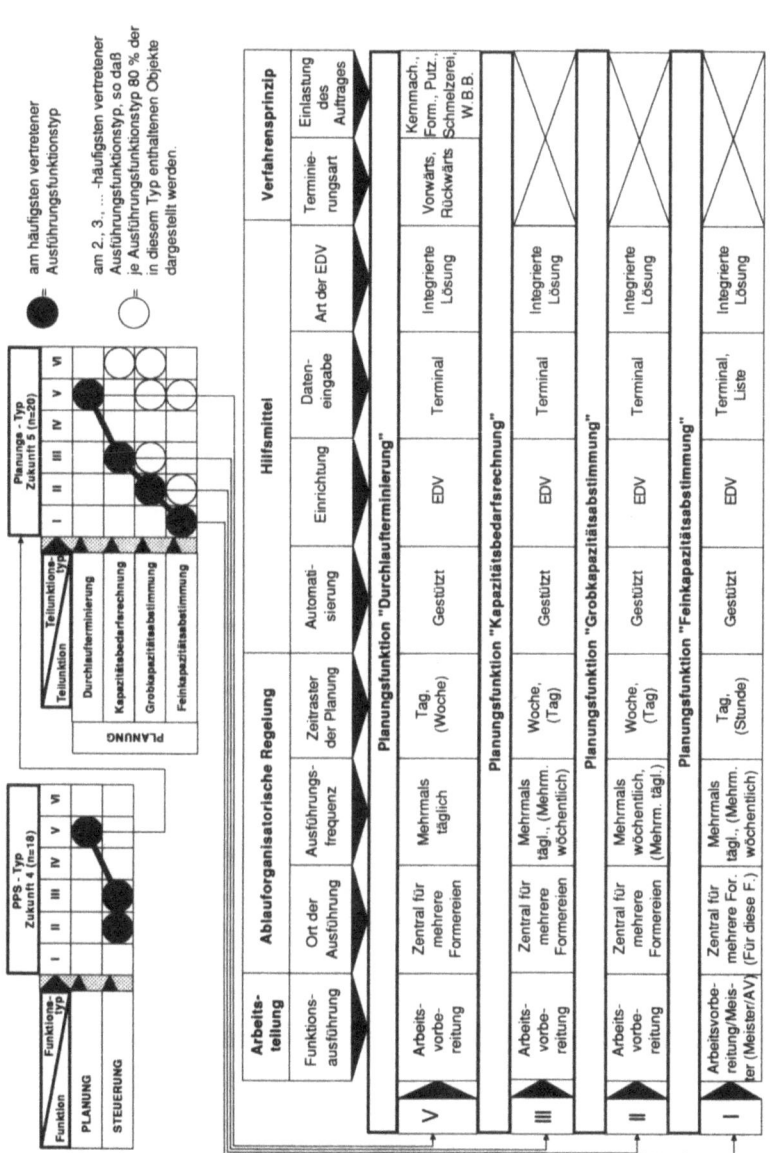

Abb. 6-15: Zuordnungsprinzip zwischen Profilen und Funktionstypbeschreibungen.

Gestaltungs-aspekt	Arbeits-teilung	Ablauforganisatorische Regelung					Hilfsmittel			Verfahrensprinzip	
Funktion	Funktions-ausführung	Ort der Ausführung	Ausführungs-frequenz	Zeitraster der Planung	Automati-sierung	Einrichtung	Informations-erfassung, -ausgabe	Art der EDV	Termi-nierungsart	Einlastung des Auftrages
Durchlauf-terminierung	Betriebsleiter	Zentral für mehrere Formereien	Mehrmals wöchentlich, (Mehrmals täglich)	Woche, (Tag)	Personelle Ausführung mit Hilfsmittein (gestützt)	Plantafel, -blatt, Kartei, Kladde, Buch (EDV)	Liste, Mündlich	(Integrierte Lösung)	Rückwärts	Kernmacherei, Formerei
Kapazitätsbe-darfsrechnung	Betriebsleiter (Meister)	Zentral für mehrere Formereien	Mehrmals wöchentlich	Woche, (Tag)	Personelle Ausführung mit Hilfsmittein, (gestützt)	(Plantafel, -blatt), Kartei, Kladde, Buch (EDV)	Handschriftliche Zettel, Mündlich	(Integrierte Lösung)		
Grobkapazi-tätsabstimmung	Betriebsleiter	Zentral für mehrere Formereien	Mehrmals wöchentlich, (Täglich)	Tag	Personelle Ausführung mit Hilfsmittein	Kartei, Kladde, Buch	Handschriftliche Zettel, Mündlich			
Feinkapazi-tätsabstimmung	Meister	Zentral für mehrere Formereien, (Für diese For.)	Täglich	Tag	Personelle Ausführung mit Hilfsmittein, (P.A. ohne H.)	(Plantafel, -blatt)	Mündlich			

PPS - Typ 1

<u>Abb. 6-16</u>:   PPS-Typ 1 (I).

Gestaltungs-aspekt / Funktion	Arbeitsteilung - Funktionsausführung	Ablauforganisatorische Regelung - Ort der Ausführung	Ausführungsfrequenz	Zeitraster der Planung	Automatisierung	Hilfsmittel - Einrichtung	Informationserfassung, -ausgabe	Art der EDV
Fertigungsauftragsfreigabe	Betriebsleiter, (AV/Meister)	Zentral für mehrere Formereien	Mehrmals wöchentlich, (Wöchentlich)	Eine Woche	Personelle Ausführung mit Hilfsmitteln	Plantafel, -blatt	Liste	
Arbeitsbelegerstellung	Meister, (Betriebsleiter, AV)	Zentral für mehrere Formereien	Einmal täglich, (Mehrmals wöchentlich, wöchentlich)		Personelle Ausführung mit Hilfsmitteln	Plantafel, -blatt, (Kartei, Kladde, Buch)	Liste, Formulare, (Handschriftliche Zettel)	
Arbeitsverteilung	Meister	In der Formerei, (Zentral für mehrere Formereien)	Einmal täglich	1 Tag	Personelle Ausführung mit Hilfsmitteln	(Plantafel, -blatt)	Formulare, (Liste)	
Bereitstellung Kerne	Meister, (Former (2))	In der Formerei	Mehrmals täglich, (Mehrmals wöchentlich)		Personelle Ausführung ohne Hilfsmittel (P.A. mit H.)		Mündlich, Liste	
Bereitstellung Schmelze	Meister, (Gießer (2))	Zentral für mehrere Formereien	Einmal täglich, (Mehrmals täglich, mehrm. wöchentlich, wöchentlich)		Personelle Ausführung ohne Hilfsmittel (P.A. mit H.)		Mündlich, (Liste)	
Bereitstellung Modelle	Meister, (AV)	Zentral für mehrere Formereien, (In der Formerei)	Mehrmals täglich, (Mehrmals wöchentlich)		Personelle Ausführung mit Hilfsmitteln		Liste, Mündlich	
Lossplittung								
Auftragsfortschrittserfassung	Meister, (Former)	Zentral für mehrere Formereien, (In der Formerei)	Mehrmals täglich, (Mehrmals wöchentlich)		Personelle Ausführung mit Hilfsmitteln, (P.A. ohne H.)	Plantafel, -blatt, Kartei, Kladde, Buch	Liste, (Formulare, Mündlich)	
Auftragsfortschrittsüberwachung	Arbeitsvorbereitung/Meister, (Betriebsleiter)	Zentral für mehrere Formereien, (In der Formerei)	Einmal, mehrmals täglich		Gestützt	EDV	Terminal, Liste, (Mündlich)	Integrierte Lösung

Abb. 6-17: PPS-Typ 1 (II).

als dominierende Engpaßkapazitäten eingeplant. Der Schmelzbetrieb wird hier selten als Engpaß bzw. kapazitätsmäßig zu planende Größe angesehen, da hier häufig auch nicht täglich flüssiges Eisen vergossen wird. Eine intensive Kapazitätsabstimmung (Personal nach Menge und Qualifikation) findet aber in kurzen Zeitabständen (Tag) mit kurzem Zeithorizont zwischen Formerei und Kernmacherei statt. Bei Betrieben mit diesem PPS-Typ ist es durchaus üblich, daß ein kurzfristiger wechselseitiger Personalaustausch zwischen Formerei und Kernmacherei stattfindet.

Die Ausführungsfrequenz der steuernden Funktionen liegt überwiegend bei täglich bis mehrmals täglich. Allein die Fertigungsauftragsfreigabe wird mehrmals wöchentlich durchgeführt. Diese Frequenz resultiert daraus, daß die Kundenaufträge in Batch-Verarbeitung terminiert werden und unmittelbar daran dann zur Fertigung freigegeben werden. Die Erstellung der Arbeitsbelege und die Verteilung erfolgt einmal täglich und umfaßt einen Arbeitsvorrat für einen Tag im voraus. Die Veranlassung der versorgenden Bereiche Kernmacherei und Modellager (-bau) erfolgt i. d. R. mehrmals täglich. Diese hohe Frequenz resultiert daraus, daß in der Formerei häufig der Lagerraum nicht ausreicht, um Modelle bzw. Kerne für z. B. einen Tag zu puffern. Eine Lossplittung findet bei diesem PPS-Typ nahezu nicht statt.

Als Hilfsmittel werden überwiegend konventionelle Techniken wie Kartei, Plantafel bzw. -blatt eingesetzt. Für einzelne Planungsfunktionen soll aber teilweise auch schon EDV eingesetzt werden. Vielfach werden im Rahmen der planenden Funktionen auch Gespräche durchgeführt, in denen schwer formalisierbare Planungseingangsgrößen (Schwierigkeiten beim Abformen, Kastenverfügbarkeit, Personalqualifikation) berücksichtigt werden.

Im Bereich der Funktionen der Fertigungssteuerung werden hauptsächlich Formulare, Listen bzw. verbale Kommunikation eingesetzt.

Im Rahmen der Auftragsfortschrittserfassung wird die Fertigstellung einer Gußform (große Gewichte) oder die abgeformte Stückzahl entweder vor oder nach dem Abgießen zunächst manuell erfaßt (Form- bzw. Gußberichte oder -listen). Im Rahmen der Auftragsfortschrittsüberwachung wird vor allem zur schnellen dialogorientierten

Beauskunftung des Standes (Mengen, Termine, Produkktionsstufe) von Kundenaufträgen die EDV als Hilfsmittel im Rahmen eines integrierten Systems eingesetzt.

Zusammenfassend kann dieser PPS-Typ als Meister bzw. Betriebsleister orientierte Organisationsform mit kurzem Planungs- und Dispositionshorizont unter überwiegendem Einsatz konventioneller Hilfsmittel klassifiziert werden.

PPS-Typ 2

PPS-Systeme dieses Typs (Abbildung 6-18 und 6-19) zeichnen sich dadurch aus, daß Planungsfunktionen fast ausschließlich durch eine Arbeitsvorbereitung zentral für mehrere Formereien wahrgenommen werden. Lediglich die prozeßnahe tagesbezogene Feinkapazitätsabstimmung wird durch mehrere Meister der abzustimmenden Bereiche in täglich wiederkehrenden Planungsgesprächen realisiert. Teilweise ist die Arbeitsvorbereitung mit an solchen Abstimmungsgesprächen beteiligt.

Diese PPS-Systeme zeichnen sich weiterhin durch einen starken EDV-Einsatz mit integrierten Systemen aus, wobei termin- und kapazitätsmäßig nicht nur die Formerei, sondern durchgängig und aufeinander abgestimmt Kernmacherei, Schmelzbetrieb und Putzerei mit in die Planung integriert werden. Die Einplanung der Kundenaufträge über die Funktionen Durchlaufterminierung und Kapazitätsbedarfsrechnung erfolgt überwiegend mehrmals wöchentlich mit dem Ziel, dem Kunden innerhalb kurzer Zeit sichere und haltbare Liefertermine zuzusagen, bei gleichzeitig gleichmäßiger und hoher Auslastung der betrieblichen Kapazitäten.

Teilweise werden die Kundenaufträge sogar taggenau eingeplant. Ziel der Anwendung eines derartig engen Zeitrasters ist mit Sicherheit die Verringerung des Dispositionsspielraumes für die prozeßnahe Disposition, um letztendlich die Terminsicherheit über enge Vorgaben und Kontrollen in einem EDV-gestützten Regelkreis über den Produktionsprozeß zentral in einer Arbeitsvorbereitung sicherzustellen. Die charakteristische Tendenz dieses Typs zur Zentralisierung termin- und kapazitätsorientierter Entscheidungen in einer Arbeitsvorbereitung setzt sich im Rahmen der Fertigungssteuerung bei den Funktionen Fertigungsauftragsfreigabe, Arbeitsbelegerstellung und Auftragsfortschrittsüberwachung fort. Die Freigabe der Fertigungsaufträge erfolgt

Gestaltungs-aspekt	Arbeits-teilung	Ablauforganisatorische Regelung				Hilfsmittel			Verfahrensprinzip		
		Ort der Ausführung	Ausführungs-frequenz	Zeitraster der Planung	Automati-sierung	Einrichtung	Informations-erfassung, -ausgabe	Art der EDV	Termi-nierungsart	Einlastung des Auftrages	
Funktion											
Durchlauf-terminierung	Arbeitsvorberei-tung	Zentral für mehrere Formereien	Mehrmals wöchentlich (Wöchentlich)	Woche, (Tag)	Gestützt	EDV	Terminal, Liste	Integrierte Lösung	Rückwärts		Kernmacherei, Formerei, Putzerei, Schmelzerei
Kapazitätsbe-darfsrechnung	Arbeitsvorberei-tung	Zentral für mehrere Formereien	Mehrmals wöchentlich (Mehrmals täglich)	Woche, (Tag)	Gestützt	EDV	Terminal	Integrierte Lösung			
Grobkapazi-tätsabstimmung	Arbeitsvorberei-tung	Zentral für mehrere Formereien	Wöchentlich, (Mehrmals monatlich)	Woche, (Tag)	Gestützt	EDV	Terminal	Integrierte Lösung			
Feinkapazi-tätsabstimmung	Meister (2), (AV)	Für diese Formerei, Zentral für mehrere For.	Täglich	Tag, (Halbtag)	Personelle Ausführung mit Hilfsmitteln	Plantafel, -blatt	Mündlich				

Abb. 6-18: PPS-Typ 2 (I).

PPS - Typ 2

Gestaltungsaspekt / Funktion	Arbeitsteilung: Funktionsausführung	Ablauforganisatorische Regelung: Ort der Ausführung	Ausführungsfrequenz	Zeitraster der Planung	Automatisierung	Hilfsmittel: Einrichtung	Informationserfassung, -ausgabe	Art der EDV
Fertigungsauftragsfreigabe	Arbeitsvorbereitung	Zentral für mehrere Formereien	Wöchentlich, (Mehrmals wöchentlich)	Eine Woche, (Mehrere Wochen)	Gestützt	EDV	Terminal, Liste	Integrierte Lösung
Arbeitsbelegerstellung	Arbeitsvorbereitung	Zentral für mehrere Formereien	Mehrmals wöchentlich, (Wöchentlich, mehrmals täglich)	✗	Gestützt	EDV	Formulare, (Liste)	Integrierte Lösung
Arbeitsverteilung	Meister	In der Formerei, (Zentral für mehrere Formereien)	Einmal täglich	1 Tag	Personelle Ausführung mit Hilfsmitteln	(Plantafel, -blatt)	Formulare, (Liste)	✗
Bereitstellung Kerne	Meister, (Former)	Zentral für mehrere Formereien (In der Formerei)	Mehrmals täglich, (Einmal täglich)	✗	Personelle Ausführung mit Hilfsmitteln	✗	Formulare, Mündlich	✗
Bereitstellung Schmelze	Meister, (Betriebsleiter)	Zentral für mehrere Formereien (In der Formerei)	Mehrmals täglich	✗	Personelle Ausführung mit Hilfsmitteln	✗	Formulare, (Mündlich)	✗
Bereitstellung Modelle	Meister,	Zentral für mehrere Formereien	Mehrmals täglich, (Einmal täglich)	✗	Personelle Ausführung mit Hilfsmitteln	✗	Liste, Mündlich	✗
Losspiittung	Meister, (AV)	✗	✗	✗	Personelle Ausführung mit Hilfsmitteln	Plantafel, -blatt	Liste	✗
Auftragsfortschrittserfassung	Meister, (Vorarbeiter)	Zentral für mehrere Formereien	Einmal täglich, (Mehrmals täglich)	✗	Gestützt	EDV	Terminal, Formulare, (Liste)	Integrierte Lösung
Auftragsfortschrittsüberwachung	Arbeitsvorbereitung, (Betriebsleiter)	Zentral für mehrere Formereien, (In der Formerei)	Mehrmals wöchentlich, (Mehrmals täglich)	✗	Gestützt	EDV	Terminal, Liste, Formulare	Integrierte Lösung

Abb. 6-19: PPS-Typ 2 (II).

mehrmals wöchentlich, wenige Tage vor Produktionsbeginn EDV-gestützt. Mit der Fertigungsauftragsfreigabe werden auch die notwendigen Arbeitsbelege (Arbeitskarten, Laufkarten, Lohnscheine etc.) per EDV ausgedruckt und dem Meister der Formerei als disponierbarer Arbeitsvorrat für einen Zeitraum von wenigen Tagen übergeben. Vor der Ausgabe der Arbeitspapiere wird häufig schon die Verfügbarkeit von Kernen und Modellen (Modellplatten) überprüft.

Auf der Basis des zugeteilten Arbeitsvorrates werden alle weiteren steuernden Funktionen überwiegend vom Meister entweder nur für eine Formerei oder aber gleichzeitig für mehrere Formereien wahrgenommen. Die Zuordnung der Fertigungsaufträge zum operativen Personal erfolgt einmal täglich für einen Zeitraum von einem Tag. Die Abstimmungsaufgaben zu den versorgenden Bereichen können als permanente Aufgabe im Tagesgeschäft des Meisters angesehen werden.

Über eine Lossplittung bei laufenden Fertigungsaufträgen entscheidet der Meister dann, wenn produktionstechnische bzw. -technologische Probleme auftreten.

Die Rückmeldung abgegossener Formen wird vom Meister bzw. einem Vorarbeiter entweder dialogorientiert in einem zentralen Terminal oder auf Basis der handschriftlich ausgefüllten Arbeitsunterlagen eingegeben. Mit dieser zeitlich sehr nahen Erfassung des terminlichen Zustandes von Fertigungsaufträgen ist es nun auch sinnvoll, diesen im Dialog bedarfsfallsweise mehrmals täglich darzustellen. Diese Möglichkeit ist in ein integriertes EDV-System eingebunden, über das nicht nur Entscheidungsträger in der Arbeitsvorbereitung bzw. Betriebsleitung unterstützt werden, sondern ermöglicht auch eine gezielte Terminbeauskunftung der Kunden bei Rückfragen.

Insgesamt kann dieser PPS-Typ dadurch charakterisiert werden, daß eine ausgeprägte Arbeitsteilung zwischen Arbeitsvorbereitung und Meisterebene herrscht, wobei die Funktionen der Arbeitsvorbereitung in erheblichem Maße durch integrierte EDV-Lösungen unterstützt sind.

PPS-Typ 3

PPS-Systeme dieses Typs (Abbildung 6-20 und 6-21) sind denen des Typs 2 stark ähnlich. Prägnant ist auch hier wieder die Funktionspolarisierung zwischen Arbeitsvorbereitung und der Meisterebene. Gleichfalls werden für die planenden Funktionen, bis auf die Feinkapazitätsabstimmung, integrierte EDV-Systeme eingesetzt. Im Gegensatz zu Typ 2 wird im Rahmen der Planung häufig nur die Formerei und teilweise auch die Kernmacherei termin- und kapazitätsmäßig geplant. Andere Betriebsbereiche bleiben weitgehend unberücksichtigt. Weiterhin unterscheidet sich dieser Typ vom Typ 2 durch die höhere Planungsfrequenz, die zwischen mehrmals täglich bis mehrmals wöchentlich liegt.

Eine ausgesprochene funktionsorientierte Arbeitsteilung zwischen Arbeitsvorbereitung und Meisterebene ist im Gegensatz zu Typ 2 hier weniger deutlich ausgeprägt. Vielmehr wird der Meister stärker bei planenden Funktionen mit einbezogen. Im Zusammenhang mit der erhöhten Planungsfrequenz kann dieser Sachverhalt dahingehend interpretiert werden, daß schwer beherrschbare Prozeßmerkmale zu häufigen Umplanungen führen, wobei an die Meister gebundenes schlecht strukturierbares Fachwissen mit in die Planungen einfließt.

Auffallend ist eine durchmischte Funktionszuordnung zu unterschiedlichen Funktionsträgern (Arbeitsvorbereitung, Meister, Betriebsleiter, Former, Gießer) in Einzel- aber auch in Gruppenarbeit.

Kennzeichnend ist weiterhin der größere Dispositionsspielraum im operativen Prozeß. Er ist dadurch gekennzeichnet, daß ein Arbeitsvorrat zwischen einem Tag und einer Woche an das operative Personal ausgegeben wird.

Hinsichtlich der Ausführungsfrequenz bei den Schnittstellenfunktionen ist eine deutliche Schwankung festzustellen. Insbesondere die Schwankung bei der "Bereitstellung Schmelze" weist darauf hin, daß hinter diesem PPS-Typ Ausführungssysteme stehen, in denen sowohl permanent als auch in größeren Zeitabständen abgegossen wird. In Bezug auf den Hilfsmitteleinsatz findet man hier eine ähnliche Charakteristik wie bei PPS-Typ 2. Fast alle Planungsfunktionen sind EDV-unterstützt; ebenso die Steuerungsfunktionen Fertigungsauftragsfreigabe und die Arbeitsbelegerstellung.

Gestaltungs-aspekt	Arbeits-teilung	Ablauforganisatorische Regelung			Hilfsmittel			Verfahrensprinzip	
Funktion	Funktions-ausführung	Ort der Ausführung	Ausführungs-frequenz	Zeitraster der Planung	Automati-sierung	Einrichtung	Informations-erfassung, -ausgabe	Art der EDV	Termi-nierungsart	Einlastung des Auftrages
Durchlauf-terminierung	Arbeitsvorberei-tung, (Meister)	Zentral für mehrere Formereien	Mehrmals täglich, (Mehrmals wöchentlich)	Woche	Gestützt	EDV	Terminal, (Liste)	Integrierte Lösung	Vorwärts, Rückwärts	Formerei, (Kernmacherei)
Kapazitätsbe-darfsrechnung	Arbeitsvorberei-tung	Zentral für mehrere Formereien	Mehrmals täglich, (Mehrmals wöchentlich)	Woche, (Tag)	Gestützt	EDV	Terminal	Integrierte Lösung		
Grobkapazi-tätsabstimmung	Arbeitsvorberei-tung, (AV/ Meister)	Zentral für mehrere Formereien	Mehrmals wöchentlich, (Mehrmals täglich)	Woche, (Tag)	Gestützt	EDV	Terminal	Integrierte Lösung		
Feinkapazi-tätsabstimmung	Meister (2), (Betriebsleiter u./o. Meister/ AV)	Für diese Formerei	Täglich, (Mehrmals wöchentlich)	Tag	Personelle Ausführung mit Hilfsmitteln	(Kartei, Kladde, Buch)	Liste, (Mündlich)			

Abb. 6-20: PPS-Typ 3 (I).

Gestaltungs-aspekt / Funktion	Arbeits-teilung Funktions-ausführung	Ablauforganisatorische Regelung				Hilfsmittel			
		Ort der Ausführung	Ausführungs-frequenz	Zeitraster der Planung	Automati-sierung	Einrichtung	Informations-erfassung, -ausgabe	Art der EDV
Fertigungsauf-tragsfreigabe	Arbeitsvorberei-tung, (Betriebsleiter)	Zentral für mehrere Formereien	Wöchentlich	Eine Woche, (Halbe Woche)	Gestützt	EDV	Liste, (Terminal, Liste)	Integrierte Lösung
Arbeitsbeleg-erstellung	Arbeitsvorberei-tung	Zentral für mehrere Formereien	Mehrmals wöchentlich, (Mehrmals täglich, wöchentlich)		Gestützt	EDV	Formulare	Integrierte Lösung
Arbeitsver-teilung	Meister (Betriebsleiter/ Meister)	Zentral für mehrere Formereien	Mehrmals wöchentlich, (Einmal täglich)	1 Tag, halbe Woche, eine W., mehrere W.	Personelle Ausführung mit und ohne Hilfsmittel	(Plantafel, -blatt)	Formulare	
Bereitstellung Kerne	Meister, (Former; AV/ Meister)	In der Formerei	Mehrmals täglich, (Mehrmals wöchentlich)		Personelle Ausführung ohne Hilfsmittel (P.A. mit H.)		Mündlich, (Liste)	
Bereitstellung Schmelze	Meister, (Gießer)	Zentral für mehrere Formereien	Einmal täglich, (Mehrmals täglich, mehrm. wöchent-lich, wöchentlich)		Personelle Ausführung mit Hilfsmitteln		Mündlich, (Liste)	
Bereitstellung Modelle	Meister, (AV)	Zentral für mehrere Formereien, (In der Formerei)	Mehrmals täglich, (Mehrmals wöchentlich)		Personelle Ausführung mit Hilfsmittein		Liste, Mündlich	Integrierte Lösung
Losspittung	Meister				Personelle Ausführung mit Hilfsmitteln (Gestützt)	(EDV)	Mündlich, Liste, (Terminal)	
Auftragsfort-schrittserfas-sung	Meister, (Meister/AV)	Zentral für mehrere Formereien	Mehrmals täglich, (Mehrmals wöchentlich)		Gestützt	EDV (Plantafel, -blatt)	Terminal, Liste	Integrierte Lösung
Auftragsfort-schrittsüber-wachung	Arbeitsvorberei-tung, (Meister)	Zentral für mehrere Formereien	Mehrmals täglich, (Mehrmals wöchentlich)		Gestützt	EDV	Terminal, Liste	Integrierte Lösung

PPS - Typ 3

Abb. 6-21: PPS-Typ 3 (II).

Gleichfalls sind die Funktionen der Auftragsüberwachung so EDV-unterstützt, daß eine möglichst zeitnahe Kontrolle der Produktionsprozesse möglich ist.

PPS-Typ 4

Kennzeichnend für diesen PPS-Typ (Abbildung 6-22 und 6-23) ist der im Vergleich zu den anderen PPS-Typen am weitestgehende Einsatz von integrierten EDV-Systemen. Hinsichtlich der Arbeitsteilung den PPS-Typen 2 und 3 ähnlich, wird bei diesem Typ nun auch die Funktion "Feinkapazitätsabstimmung" zentral durch eine Arbeitsvorbereitung gemeinsam mit dem Meister durchgeführt. Hierzu werden EDV-gestützte Systeme eingesetzt, die die Formerei sowie ver- und entsorgende Arbeitssysteme optimal aufeinander abstimmen. Die Planungsfrequenz für die einzelnen Planungsfunktionen liegt insgesamt deutlich über der der anderen PPS-Typen. Hiermit soll erreicht werden, daß man sich einerseits möglichst kurzfristig auf planabweichende Prozeßzustände einstellen kann und andererseits in Richtung der Kunden eine hohe und schnelle Auskunftsbereitschaft über Auftragstermine sicherstellt.

Überwiegend wird tag- bzw. wochengenau geplant. Bei der Feinkapazitätsabstimmung werden die Kapazitäten sogar stundengenau oder aber auch in noch feineren Zeitrastern aufeinander abgestimmt.

Der umfassende EDV-Einsatz, die hohe Planungsfrequenz und das relativ enge Zeitraster, die Berücksichtigung nicht nur der ver- und entsorgenden Bereiche in Verbindung mit einer starken Zentralisation der Planungsfunktionen weisen darauf hin, daß dem Personal im operativen Prozeß ein relativ geringer Dispositionsspielraum zugunsten einer durchgängigen Optimierung des gesamten Leistungserstellungsprozesses eingeräumt wird.

Die Tendenz zur Zentralisierung setzt sich bei starkem Vordringen der Arbeitsvorbereitung in die Funktionen der Fertigungssteuerung weiter fort. Dieses trifft vor allem auf die Schnittstellenfunktionen Bereitsstellung, Kerne, Schmelze und Modelle zu. Hier wird deutlich, daß auch die versorgenden Bereiche mengen- und terminmäßig zentral überwacht und gesteuert werden. Diese und weitere Betriebsbereiche

PPS - Typ 4

Gestaltungsaspekt	Arbeitsteilung	Ablauforganisatorische Regelung				Hilfsmittel			Verfahrensprinzip	
Funktion	Funktionsausführung	Ort der Ausführung	Ausführungsfrequenz	Zeitraster der Planung	Automatisierung	Einrichtung	Informationserfassung, -ausgabe	Art der EDV	Terminierungsart	Einlastung des Auftrages
Durchlaufterminierung	Arbeitsvorbereitung	Zentral für mehrere Formereien	Mehrmals täglich	Tag, (Woche)	Gestützt	EDV	Terminal	Integrierte Lösung	Vorwärts, Rückwärts	Kernmacherei, Formerei, Putzerei, Schmelzerei, W.B.B.
Kapazitätsbedarfsrechnung	Arbeitsvorbereitung	Zentral für mehrere Formereien	Mehrmals täglich, (Mehrmals wöchentlich)	Woche, (Tag)	Gestützt	EDV	Terminal	Integrierte Lösung		
Grobkapazitätsabstimmung	Arbeitsvorbereitung	Zentral für mehrere Formereien	Mehrmals wöchentlich, (Mehrmals täglich)	Woche, (Tag)	Gestützt	EDV	Terminal	Integrierte Lösung		
Feinkapazitätsabstimmung	Arbeitsvorbereitung/ Meister, (Meister/AV)	Zentral für mehrere Formereien, (Für diese For.)	Mehrmals täglich	Tag, (Stunde)	Gestützt	EDV	Terminal, Liste	Integrierte Lösung		

Abb. 6-22: PPS-Typ 4 (I).

PPS - Typ 4

Funktion	Arbeitsteilung: Funktionsausführung	Ablauforganisatorische Regelung: Ort der Ausführung	Ausführungsfrequenz	Zeitraster der Planung	Automatisierung	Hilfsmittel: Einrichtung	Informationserfassung/-ausgabe	Art der EDV
Fertigungsauftragsfreigabe	Arbeitsvorbereitung, (Betriebsleiter)	Zentral für mehrere Formereien	Wöchentlich	Eine Woche, (Halbe Woche)	Gestützt	EDV	Liste, (Terminal, Liste)	Integrierte Lösung
Arbeitsbelegerstellung	Arbeitsvorbereitung	Zentral für mehrere Formereien	Mehrmals wöchentlich, (Mehrmals täglich, wöchentlich)	✕	Gestützt	EDV	Formulare	Integrierte Lösung
Arbeitsverteilung	Meister	In der Formerei, (Zentral für mehrere Formereien)	Einmal täglich	1 Tag	Personelle Ausführung mit Hilfsmitteln	(Plantafel, -blatt)	Formulare, (Liste)	✕
Bereitstellung Kerne	Arbeitsvorbereitung/Meister	Zentral für mehrere Formereien, (In der Formerei)	Mehrmals täglich, (Mehrmals wöchentlich)	✕	Gestützt	EDV	(Terminal, Liste, Formulare)	Integrierte Lösung
Bereitstellung Schmelze	Meister (2), (AV/Meister)	Zentral für mehrere Formereien, (In der Formerei)	Einmal täglich, (Mehrmals täglich)	✕	Personelle Ausführung mit Hilfsmitteln (Gestützt, automatisiert)	✕	Liste, (Formulare, Mündlich)	Integrierte Lösung
Bereitstellung Modelle	Arbeitsvorbereitung, (Meister, Modellbauer, Betr.ltr)	Zentral für mehrere Formereien	Einmal täglich, (Mehrmals täglich)	✕	Personelle Ausführung mit Hilfsmittel, (Gestützt)	(Kartei, Kladde, Buch, EDV)	Formulare, (Liste, Mündlich)	Integrierte Lösung
Lossplitting	Meister/Betriebsleiter, (AV/Meister)	✕	✕	✕	Personelle Ausführung ohne Hilfsmittel	✕	Mündlich	✕
Auftragsfortschrittserfassung	Former, (Meister)	In der Formerei	Mehrmals täglich, (Einmal täglich)	✕	Gestützt, (Automatisiert)	EDV	Terminal, (Liste, Formulare, Handschriftliche Zettel)	Integrierte Lösung
Auftragsfortschrittsüberwachung	Arbeitsvorbereitung, (Meister)	Zentral für mehrere Formereien	Mehrmals täglich, (Mehrmals wöchentlich)	✕	Gestützt	EDV	Terminal, Liste	Integrierte Lösung

<u>Abb. 6-23</u>: PPS-Typ 4 (II).

werden dann durch ein integriertes EDV-System unterstützt, in das weite Bereiche des betrieblichen Leistungserstellungsprozesses in die Planung und Steuerung eingebunden sind.

Weiterhin zeichnet sich dieser PPS-Typ dadurch aus, daß der überwiegende Teil der Steuerungsfunktionen einmal bis mehrmals täglich ausgeführt werden.

Die Fertigungsauftragsfreigabe erfolgt wöchentlich und bildet damit den Auftragspool, der innerhalb einer Woche abzuarbeiten ist. Die Weitergabe der einzelnen Fertigungsaufträge an das Ausführungssystem (Arbeitsverteilung) erfolgt täglich für einen Tag im voraus, wobei eine Abarbeitungsreihenfolge als Ergebnis von Optimierungsrechnungen streng vorgegeben ist.

Die Auftragsfortschrittserfassung erfolgt überwiegend mehrmals täglich EDV-unterstützt bis automatisiert unmittelbar aus dem Ausführungssystem heraus und wird vom operativen Personal durchgeführt.

Insgesamt kann dieser PPS-Typ dadurch charakterisiert werden, daß eine sehr hohe EDV-Durchdringung auf der Basis von integrierten Lösungen vorherrscht. Damit kann der betriebliche Leistungserstellungsprozeß über weite Betriebsbereiche zeitnah in der EDV abgebildet und übergreifend optimiert werden. Die Durchführung der Planungs- und Steuerungsfunktionen zentralisiert sich dabei sehr stark in der Arbeitsvorbereitung.

PPS-Typ 5

Der PPS-Typ 5 (Abbildung 6-24 und 6-25) ist mit n=9 Objekten der am seltensten auftretende Typ und kann zunächst dadurch gekennzeichnet werden, daß für einen Großteil der Planungs- und Steuerungsfunktionen ein konsequenter EDV-Einsatz nicht so deutlich dargestellt werden kann wie bei den anderen PPS-Typen. Eine Plantafel bzw. ein Planblatt und die EDV als integrierte Sytemlösung stellen sich als sinnvolle alternative Hilfsmittel dar.

Hinsichtlich der Arbeitsteilung zeichnet sich dieser Typ dadurch aus, daß die

Gestaltungs-aspekt	Arbeits-teilung	Ablauforganisatorische Regelung				Hilfsmittel			Verfahrensprinzip	
Funktion	Funktions-ausführung	Ort der Ausführung	Ausführungs-frequenz	Zeitraster der Planung	Automati-sierung	Einrichtung	Informations-erfassung, -ausgabe	Art der EDV	Termi-nierungsart	Einlastung des Auftrages
Durchlauf-terminierung	Arbeitsvorberei-tung	Zentral für mehrere Formereien	(Mehrmals wöchentlich, Täglich)	Tag	Personelle Ausführung mit Hilfsmittein (Gestützt)	Plantafel, -blatt, (EDV)	Liste, (Terminal)	(Integrierte Lösung)	Rückwärts, (Vorwärts)	Kernmacherei, Formerei, (Putzerei), Schmelzerei
Kapazitätsbe-darfsrechnung	Arbeitsvorberei-tung	Zentral für mehrere Formereien	(Mehrmals wöchentlich, Täglich)	Tag, (Stunde, Woche)	Personelle Ausführung mit Hilfsmittein (Gestützt)	Plantafel, -blatt, (EDV)	Liste, Terminal	(Integrierte Lösung)		
Grobkapazi-tätsabstimmung	Arbeitsvorberei-tung/ Meister, (Betriebsleiter, AV)	Zentral für mehrere Formereien	Täglich, (Mehrmals täglich)	Woche, (Tag)	Personelle Ausführung mit Hilfsmittein	Plantafel, -blatt	Liste			
Feinkapazi-tätsabstimmung	Meister (2), (Betriebsleiter u./o. Meister/ AV)	Für diese Formerei	Täglich, (Mehrmals wöchentlich)	Tag	Personelle Ausführung mit Hilfsmittein	(Kartei, Kladde, Buch)	Liste, (Mündlich)			

Abb. 6-24: PPS-Typ 5 (I).

Gestaltungs-aspekt	Arbeits-teilung	Ablauforganisatorische Regelung				Hilfsmittel		
Funktion	Funktions-ausführung	Ort der Ausführung	Ausführungs-frequenz	Zeitraster der Planung	Automati-sierung	Einrichtung	Informations-erfassung, -ausgabe	Art der EDV
Fertigungsauf-tragsfreigabe	Arbeitsvorberei-tung, (Betriebsleiter)	Zentral für mehrere Formereien	Wöchentlich, (Täglich)	Eine Woche, (Halbe Woche, Tag)	Gestützt	EDV	Liste, (Terminal, Liste)	Integrierte Lösung
Arbeitsbeleg-erstellung	Sonstige	Zentral für mehrere Formereien	Mehrmals wöchentlich, (Wöchentlich)		Gestützt	EDV	Formulare, Terminal, Liste	Integrierte Lösung
Arbeitsver-teilung	Meister (Betriebsleiter/ Meister)	Zentral für mehrere Formereien	Mehrmals wöchentlich, (Einmal täglich)	1 Tag, halbe Woche, eine W., mehrere W.	Personelle Ausführung mit und ohne Hilfsmittel	(Plantafel, -blatt)	Formulare	
Bereitstellung Kerne	Meister	Zentral für mehrere Formereien	Mehrmals täglich, (Einmal täglich)		Personelle Ausführung mit Hilfsmitteln	Plantafel, -blatt, (Kartei, Kladde, Buch)	Liste	
Bereitstellung Schmelze	Meister	Zentral für mehrere Formereien	Mehrmals täglich		Personelle Ausführung mit Hilfsmitteln	Plantafel, -blatt	Liste	
Bereitstellung Modelle	Meister	Zentral für mehrere Formereien	Einmal täglich		Personelle Ausführung mit Hilfsmitteln	Plantafel, -blatt	Liste	
Lossplittung	Arbeitsvorberei-tung, (Betriebsleiter)				Gestützt, (Personelle Aus-führung mit Hilfsmitteln)	EDV	Terminal, Formulare	Integrierte Lösung
Auftragsfort-schrittserfas-sung	Meister, (Former)	Zentral für mehrere Formereien, (In der Formerei)	Mehrmals täglich, (Mehrmals wöchentlich)		Personelle Ausführung mit Hilfsmitteln, (P.A. ohne H.)	(Plantafel, -blatt, Kartei, Kladde, Buch)	Liste, (Formulare, Mündlich)	
Auftragsfort-schrittsüber-wachung	Arbeitsvorberei-tung, (Betriebsleiter)	Zentral für mehrere Formereien, (In der Formerei)	Mehrmals wöchentlich, (Mehrmals täglich)		Gestützt	EDV	Terminal, Liste, Formulare	Integrierte Lösung

Abb. 6-25: PPS-Typ 5 (II).

Planungsfunktionen überwiegend durch eine Arbeitsplanung wahrgenommen werden. Im Gegensatz zu dem stark AV orientierten PPS-Typ 4 wird hier der Meister wieder verstärkt im Rahmen der beiden Kapazitätsabstimmungsfunktionen eingesetzt. Die Feinkapazitätsabstimmung wird prozeßnah allein durch den Meister durchgeführt.

Bei der Planung werden über die Formerei hinaus vor allem die versorgenden Bereiche Kernmacherei und Schmelzerei, teilweise aber auch die Putzerei mit berücksichtigt.

Steuerungsfunktionen werden überwiegend vom Meister wahrgenommen. Die Fertigungsauftragsfreigabe erfolgt durch die Arbeitsvorbereitung, in seltenen Fällen auch durch den Betriebsleiter. Ebenfalls wird die Auftragsfortschrittsüberwachung entweder durch die Arbeitsvorbereitung oder den Betriebsleiter wahrgenommen.

Im deutlichen Gegensatz zu den anderen PPS-Typen wird hier die Lossplittung durch die AV überwiegend mit integrierten EDV-Systemen, teilweise aber auch mit Plantafeln durchgeführt. Die Ausführungsfrequenz der einzelnen Funktionen liegt bei wöchentlich bis mehrmals täglich. Die Fertigungsauftragsfreigabe, die Arbeitsbelegerstellung und die Arbeitsverteilung erfolgt häufig mehrmals wöchentlich. Die Schnittstellenfunktionen und die Funktionen der Auftragsüberwachung werden überwiegend täglich durchgeführt.

Im Hinblick auf den Hilfsmitteleinsatz zeigt sich hier ebenso wie bei den Planungsfunktionen der sinnvolle alternative Einsatz von EDV bzw. konventionellen Hilfsmitteln, wobei aber funktionsspezifisch oft ein Hilfsmittel präferiert wird. Bei den Funktionen Fertigungsauftragsfreigabe und Arbeitsbelegerstellung wird häufig einer integrierten EDV-Lösung der Vorzug gegeben. Die Arbeitsverteilung und die Schnittstellenfunktionen werden deutlich konventionell unterstützt. Für die Funktionen der Lossplittung und Auftragsfortschrittsüberwachung wird der Einsatz integrierter EDV-Konzepte bevorzugt, teilweise wird aber auch auf konventionelle Hilfsmittel zurückgegriffen. Auch die Auftragsfortschrittsüberwachung kann EDV-gestützt erfolgen. Konventionellen Hilfsmitteln wird aber auch hier der Vorzug gegeben.

6.6.3 Darstellung von Ausführungssystemtypen

Ausführungssystemtypen - Gegenwart

Die mit Hilfe der Clusteranalyse ermittelten 6 Ausführungssystemtypen - Gegenwart (AFSG$_1$, ..., AFSG$_6$) werden in Anhang C über ihre Profile (Abbildung C-1) und Funktionstypbeschreibungen (Abbildung C-2 bis C-11) dargestellt. Eine detaillierte inhaltliche Beschreibung der einzelnen Ausführungssystemtypen - Gegenwart soll hier nicht vorgenommen werden, da der Schwerpunkt der Untersuchung auf der Gestaltung des PPS-Systems liegt. Die im Rahmen der Entscheidungshilfen notwendige sachliche Darstellung der Ausführungssystemtypen ergibt sich entsprechend Abbildung 6-11 aus der Zuordnung zwischen den Ausführungssystemprofilen und den Funktionstypbeschreibungen.

Ausführungssystemtypen - Zukunft

Analog zur Durchführung der Clusteranalyse für die Ausführungssystemtypen - Gegenwart wurden Ausführungssystemtypen - Zukunft (AFSZ$_1$, ...,AFSZ$_z$) ermittelt (Anhang D). Die Bestimmung der Gruppenzahl für die Ausführungssystemtypen - Zukunft orientierte sich primär am Heterogenitätsniveau der Typenbildung für die Ausführungssystemtypen - Gegenwart. Durch die Wahl eines für Gegenwart und Zukunft annährend gleichen Heterogenitätsmaßes der Typenbildung werden Aussagen möglich, die sich auf eine Vereinheitlichung bzw. Differenzierung in der Gestaltung von Ausführungssystemen bzw. Ausführungssystemfunktionen beziehen. Weiterhin wird vermieden, daß, falls in der Gegenwart und Zukunft Klassen mit gleichen Objekten vorliegen, beim Vergleich von Gegenwarts- und Zukunftstypen auf niedrigerem Heterogenitätsniveau in der Zukunft (mehr Klassen) es zur Darstellung einer inneren Differenzierung von Gegenwartsgruppen kommen kann, so daß im Sinne der Problemstellung keine echte Veränderung eines Ausführungssystemtyps der Gegenwart gegeben ist.

7. Ableitung von Entscheidungshilfen für die organisatorische Gestaltung des PPS-Systems in Formereiarbeitssystemen

Nachfolgend werden Entscheidungshilfen für die organisatorische Gestaltung des PPS-Systems in Formereiarbeitssystemen abgeleitet.

In einem ersten Schritt wird untersucht, inwieweit man signifikante Entwicklungstrends bei den Ausführungssystemen sowie Zusammenhänge zwischen PPS-Typen, Situationstypen und Ausführungssystemtypen annehmen oder verwerfen kann (vgl. Abschnitt 7.1). In einem zweiten Schritt wird der Zusammenhang zwischen den Ausführungssystemen - Gegenwart, den Situationstypen und den Ausführungssystemen - Zukunft dargestellt (vgl. Abschnitt 7.2). Im dritten Schritt werden Zusammenhänge zu den PPS-Typen hinsichtlich der PPS-Zielgrößen interpretiert (vgl. Abschnitt 7.3). Abschließend wird eine Vorgehensweise zur Anwendung der Entscheidungshilfen erläutert (vgl. Abschnitt 7.4).

7.1 Analyse der Signifikanz von Entwicklungstrends und der Zusammenhänge zwischen PPS-Typen, Situationstypen und Ausführungssystemtypen

Mit Hilfe der Kontingenzanalyse, die bereits in Abschnitt 6.2 dargestellt wurde, soll untersucht werden,
- inwieweit man signifikante Trends bzw. Zusammenhänge zwischen Gegenwart und der Zukunft annehmen kann und
- ob Zusammenhänge zwischen PPS-Typen, Situationstypen und Ausführungssystemtypen bestehen.

Zur Überprüfung der Zusammenhänge wird der Kontingenzkoeffizient nach PEARSON bestimmt. Anschließend an die Bestimmung des Kontingenzkoeffizienten muß ein Kontingenztest durchgeführt werden. Mit dem Kontingenztest wird geprüft, ob ein statistisch signifikanter Zusammenhang zwischen zwei Merkmalen angenommen werden darf. Nach BAMBERG/BAUR (1989, S. 202 f.) wird dieser Test in folgenden Arbeitsschritten durchgeführt:

- In der Ausgangshypothese H_0 wird davon ausgegangen, daß die beiden Merkmale in ihrer Grundgesamtheit voneinander unabhängig sind.
- Berechnung der Prüfgröße v, mit v:= X^2 und X^2 aus Formel 6.2, mit der getestet wird, ob bei einer vorgegebenen Irrtumswahrscheinlichkeit α zwei Merkmale voneinander abhängig sind.
- Mit dem Fraktilswert $X_{1-\alpha}$ der X^2 ((r-1) * (s-1))-Verteilung wird der Verwerfungsbereich B= ($X_{1-\alpha}$; ∞) der Ausgangshypothese H_0 festgelegt (Tabellen für die X^2 ((r-1) * (s-1)) Verteilung vgl. z.B. BAMBERG/BAUR 1989, S. 314 ff).
- Die Ausgangshypothese, daß die beiden Merkmale in der Grundgesamtheit voneinander unabhängig sind, wird genau dann abgelehnt, wenn die Prüfgröße v innerhalb des Verwerfungsbereiches B liegt, also $X_{1-\alpha} \leq v \leq \infty$ gilt.

Das Signifikanzniveau wird im Rahmen der vorliegenden Untersuchung auf α= 10% festgelegt, da Signifikanzniveaus > 10% im allgemeinen als statistisch nicht signifikant angesehen werden (vgl. SACHS 1984, S. 96). Abhängigkeiten, die auf dem α= 20% Niveau liegen, werden nachfolgend als bedingt signifikant angesehen.

Zur Untersuchung signifikanter Trends zwischen Gegenwart und Zukunft wurde von der Hypothese ausgegangen, daß das Ausführungssystem Zukunft (AFSZ) nicht nur von der gegenwärtigen Gestaltung des Ausführungssystems, sondern auch von der Situation des Ausführungssystems abhängt. Insofern müßte die Kontingenz zwischen zwei Einflußgrößen - hier Situationstyp und Ausführungssystemtyp Gegenwart - und dem Ausführungssystemtyp Zukunft als abhängiger Größe dargestellt werden. Mit Hilfe des Kontingenztests können aber grundsätzlich nur 2 Merkmale miteinander verglichen werden. Da hier aber drei Merkmale in Beziehung gesetzt werden müssen, werden die Situationstypen und Ausführungssystemtypen-Gegenwart mit Hilfe der Clusteranalyse zu einer Einflußgröße KEG1 zusammengefaßt. Dazu werden die Situationstypen als Merkmalsausprägungen zum nominalskalierten Merkmal Situation und die Ausführungssystemtypen - Gegenwart als Merkmalsausprägungen zum nominalskalierten Merkmal Ausführungssystem - Gegenwart aufgefaßt (<u>Abbildung 7-1</u>).

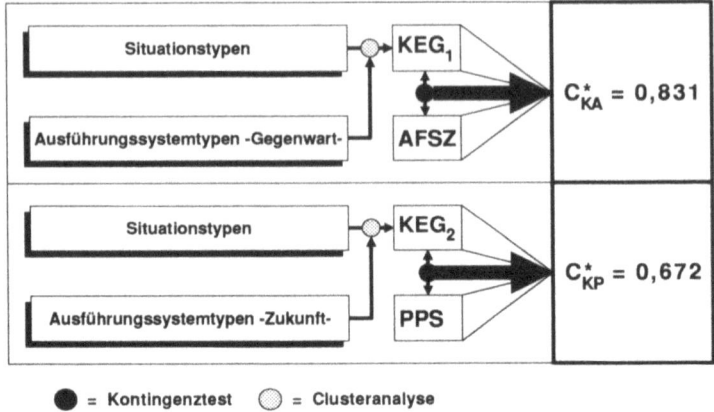

Abb. 7-1: Komprimierte Einflußgrößen KEG1, KEG2 und Kontingenzkoeffizienten.

Mit Hilfe des Kontingenztestes wird dann der Zusammenhang zwischen der Einflußgröße KEG1 und den Ausführungssystemtypen - Zukunft ermittelt.

Zur Ermittlung von geeigneten PPS-Typen muß ein Zusammenhang zu den Situationstypen und den Ausführungssystemtypen - Zukunft darstellbar sein. Auch hier muß wieder ein Zusammenhang zwischen zwei Einflußgrößen und einer abhängigen Größe gezeigt werden. Deshalb müssen die beiden Einflußgrößen Situationstyp und Ausführungssystemtyp-Zukunft mit Hilfe der Clusteranalyse zu einer Einflußgröße KEG2 verdichtet und über die Kontingenzananlyse in Beziehung zu den PPS-Typen gesetzt werden. Als Ergebnis dieser Berechnungen können bei einem Signifikanzniveau von $\alpha = 10\%$ die beiden Kontigenzkoeffizienten C_{KA} und C_{KP} wie folgt interpretiert werden. C_{KA} kann als Zusammenhangsmaß dafür aufgefaßt werden, daß man bei der Entwicklung der Ausführungssysteme von deutlichen Trends ausgehen kann, die einerseits von Situationstypen und andererseits von der gegenwärtigen Gestaltung des Ausführungssystems abhängig sind. Diese Maßzahl spiegelt auch wieder, daß die unabhängig voneinander befragten Fachleute stark ähnliche Zukunftseinschätzungen bezüglich der Objekte treffen. Aus C_{KP} kann abgeleitet werden, daß ein starker

Zusammenhang zwischen dem Ausführungssystemtypen - Zukunft, den Situationstypen und den PPS-Typen angenommen werden kann.

7.2 Darstellung des Zusammenhangs zwischen dem Ausführungssystem - Gegenwart und dem Ausführungssystem - Zukunft

Nachdem nun statistisch gezeigt wurde, daß ein Zusammenhang zwischen AFSG, Situationstypen und AFSZ angenommen werden darf, ist es nun von Interesse, unterschiedliche Entwicklungsrichtungen darzustellen. Ziel der Darstellung soll es im Rahmen der Entwicklung der Entscheidungshilfen sein, daß aus einer quantitativen Zuordnung zwischen dem AFSG, Situationstyp und dem AFSZ einerseits mögliche und innerhalb der möglichen Entwicklungsrichtungen die in der Zukunft dominant auftretenden AFSZ herausgehoben werden (Abbildung 7-2). Diese Darstellung dient dem Anwender der Entscheidungshilfen als Orientierungshilfe, welche Ausführungssysteme in Zukunft als die konkurrenzfähigsten angesehen werden. Ausgehend von der eigenen betrieblichen Situation und dem Ausführungssystem kann der Anwender der Entscheidungshilfen einen für ihn geeigneten Ausführungssystemtyp - Zukunft finden.

Diese Darstellungsweise ist wie folgt zu interpretieren. Die 102 Ausführungssysteme - Gegenwart werden entsprechend der Clusteranalyse auf die fünf Ausführungssystemtypen - Zukunft abgebildet. Innerhalb der AFSZ-Typen werden die zu einem AFSZ-Typ gehörenden Ausführungssysteme entsprechend ihrer Verteilung den vier Situationstypen zugeordnet. Die relative Häufigkeit der Objekte innerhalb der Objektklassen wird entsprechend der Legende in Abbildung 7-2 symbolisch dargestellt.

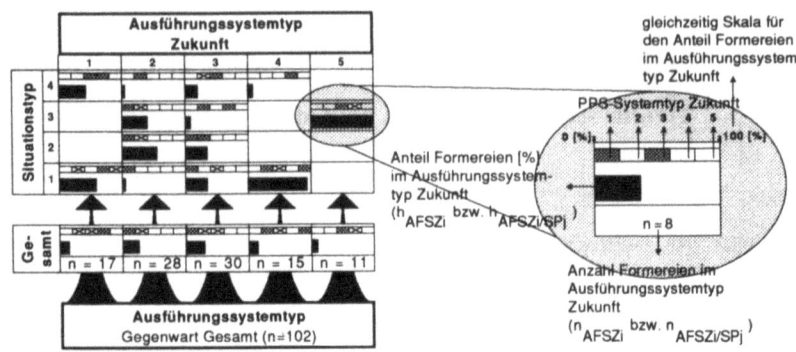

Abb. 7-2: Gesamtdarstellung Entwicklungstrends AFSG, Situationstyp nach AFSZ.

Die Häufigkeiten errechnen sich aus:

$$h_{AFSZi} = \frac{n_{AFSZi}}{n_{ges}} \qquad \begin{aligned} i &= 1 \ldots 6 \\ j &= 1 \ldots 4 \end{aligned} \qquad (7\text{-}1)$$

$$h_{AFSZi/SPj} = \frac{n_{AFSZi/SPj}}{n_{AFSZi}} \qquad (7\text{-}2)$$

mit
n_{ges} = Anzahl der erhobenen Objekte (hier 102)
n_{AFSZi} = Anzahl der Objekte, die einem Ausführungstyp Zukunft i zugeordnet werden
$n_{AFSZi/SPj}$ = Anzahl der Objekte, die einem Ausführungssystemtyp Zukunft i und einem Situationstyp j zugeordnet werden

Aus der Darstellung ist erkennbar, daß etwa je ein Drittel des Anteils gegenwärtiger Ausführungssysteme in die Zukunftstypen 2 und 3 strebt. Es kann hier hervorgehoben werden, daß diese Ausführungssysteme und insbesondere der Typ 3 mit Schwerpunkten über die gesamte Bandbreite der Situationsprofile eingesetzt werden. Insofern kann angenommen werden, daß hier Ausführungssysteme vorliegen, die im Gegensatz zu den anderen Ausführungssystemtypen eine größere Bandbreite von Einsatzanforderungen abdecken.

Bei den Ausführungssystemtypen 4 und 5 kann eine relativ eindeutige Zuordnung zu den Situationsprofilen 3 bzw. 1 festgestellt werden, so daß hier stärker auf spezielle Einsatzanforderungen abgestimmte Ausführungssysteme vorliegen. Ausführungssystemtyp 1 verteilt sich in etwa gleichen Teilen auf die Situationsprofile 1 und 4.

Will man nun den Übergang von AFSG-Typen zu AFSZ-Typen aufzeigen, so sind die Darstellungen in Abbildung E-1 heranzuziehen. Zu diesen Darstellungen werden nun nicht mehr alle 102 Objekte auf die AFSZ-Typen abgebildet, sondern die Abbildung erfolgt differenziert für die AFSG-Typen.

Über die Darstellungen in Abbildung E-1 ist es möglich, daß sich ein potentieller Anwender der vorliegenden Entscheidungshilfen, ausgehend von dem eigenen Situationsprofil und dem derzeit bei ihm eingesetzten Ausführungssystem, einem zukünftigen Ausführungssystemtyp zuordnen kann. Diese Zuordnung erfolgt wie in Abbildung 7-2 bereits beschrieben.

7.3 Überprüfung des Zusammenhangs zwischen Situationstypen, Ausführungssystemtypen - Zukunft und PPS-Typen und Interpretation hinsichtlich der PPS-Zielgrößen

Ausgehend von der im Untersuchungsansatz formulierten Annahme, daß die organisatorische Gestaltung des PPS-Systems nicht nur von dem Ausführungssystem sondern auch von der Situation abhängig ist, müssen hier nun die angenommenen Abhängigkeiten verifiziert und im Hinblick auf die Zielgrößen der PPS interpretiert werden. Grundlage für diese Untersuchung bilden Kontingenztests zwischen den PPS-Typen und den Einflußgrößen Situationstyp und Ausführungssystemtyp - Zukunft.

7.3.1 Situationstypen und Ausführungssystemtypen

Betrachtet man zunächst die Verteilung der Objekte innerhalb der einzelnen Situationstypen (Abbildung 7-3) auf die fünf PPS-Typen, so kann man für die einzelnen Situationstypen deutliche Zuordnungsschwerpunkte zu den PPS-Typen erkennen. Ein Kontingenzkoeffizient von 0,821 (Signifikanzniveau $\alpha = 1\%$) weist auf eine starke Abhängigkeit hin. Auffallend bei Situationstyp 1 bis Situationstyp 3 ist jedoch auch die Verteilung der Objekte auf die restlichen PPS-Typen. Allein bei Situationstyp 4 kann eine deutliche Zuordnung zu PPS-Typ 2 bis 4 mit Schwerpunkt bei 3 dargestellt werden. Dieser Sachverhalt macht deutlich, daß die Auswahl eines PPS-Systemtyps allein auf der Basis der Zuordnung einer Formerei zu einem Situationstyp eine grobe Auswahlmöglichkeit darstellt, wenn man von den in Abbildung 7-3 dargestellten Schwerpunkten ausgeht.

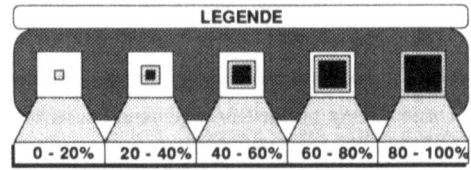

Abb. 7-3: Situations-, Ausführungssystem- und PPS-Typen.

Auch der Ausführungssystemtyp, als zweiter Einflußgrößenbereich auf die organisatorische Gestaltung eines PPS-Systems weist trotz eines relativ starken Zusammenhangs (K = 0,628; α = 1%) eine Streuung auf, sodaß für die Auswahl eines PPS-Typs folgende Vorgehensweise gewählt wird. Ausgehend vom Situationstyp und Ausführungssystemtyp wird zunächst eine Grobauswahl mehrerer geeigneter PPS-Typen durchgeführt. Die Feinauswahl erfolgt dann, indem der Einfluß der einzelnen Situationsmerkmalsausprägungen auf die Auswahl eines PPS-Typs näher untersucht wird. Diese Grob- und Feinauswahl sind in eine Vorgehensweise eingebunden, die in Abschnitt 7.4 detailliert erläutert wird.

7.3.2 Situationsmerkmale und PPS-Typen

Die Ergebnisse der Kontingenzanalyse zwischen den PPS-Typen und den Situationsmerkmalen sind in Abbildung 7-4 dargestellt. Nachfolgend werden nur die Situationsmerkmale in die Interpretation einbezogen, die eine Kontingenz > 0,5 und ein Signifikanzniveau von α ≤ 10% aufweisen, da angenommen wird, daß über diese Merkmale die dominanten Einflüsse auf die organisatorische Gestaltung der PPS dargestellt werden können. Die Interpretation erfolgt dann auf der Basis der in den halbstandardisierten Interviews erhobenen Informationen.

Unternehmensbezogene Merkmale

Abbildung 7-5 zeigt den Zusammenhang zwischen den unternehmensbezogenen Merkmalen und den PPS-Typen. Betrachtet man die Hauptabnehmerbranchen, so erkennt man, daß hier überwiegend PPS-Typ 2 und 3 eingesetzt werden. Beim "Maschinenbau" (Ausprägung 3, d.h. AP 3) setzt sich dieser Trend in Richtung PPS-Typ 4 fort. Bei "Sonstigen" (AP 4) Branchen (z.B. Chemie) ist eher ein Trend zu PPS-Typ 1 und 2 erkennbar. Die Zuordnung der drei erstgenannten Branchen - Automobilbau (AP 1), Bauindustrie (AP 2) und Maschinenbau (AP 3) - zu den stärker EDV-gestützten, AV-orientierten PPS-Typen ist darin zu sehen, daß heute schon erhöhte Terminanforderungen von diesen Branchen an die Gießereien gestellt werden. Für die Zukunft erwartet man eine Verstärkung dieses Trends. Die Tatsache, daß gerade für den Maschinenbau produzierende Formereien sogar in Richtung des am stärksten

Situationsmerkmale	Korrigierter Kontingenztest	S	a
Hauptabnehmerbranche	0,6720	●	0,001
Unternehmenseingliederung	0,6791	●	0,001
Mechanische Bearbeitung	0,5440	●	0,01
Anzahl Beschäftigte (Insgesamt)	0,7766	●	0,001
Anzahl Beschäftigte (Formerei)	0,5420	●	0,025
Auftragsauslösungsart	0,6342	●	0,025
Fertigungsart	0,5843	●	0,025
∅ Anzahl neuer Modelle je Jahr	0,5543	●	0,025
Anzahl Modelle, die mindestens einmal je Jahr abgeformt werden	0,6758	●	0,001
Werkstoff	0,4824	◐	0,2
Max. Gußteilgewicht	0,4817	◐	0,2
∅ Gußteilgewicht	0,4695	◐	0,2
Modell	0,3610	◐	0,2
Segmentmodellplattentechnik	0,5011	●	0,1
Mischplatten	0,3211	◐	0,2
Formwerkzeugstruktur	0,4568	◐	0,2
Kernhaltigkeit der Gußstücke	0,6342	●	0,001
Schmelzbetriebszuordnung	0,6372	●	0,001
Erschmelzung	0,3750	◐	0,2
Werkstoffwechsel	0,3963	◐	0,2
Gießrhythmus	0,5015	●	0,001
Formstoff	0,3421	◐	0,2
Formstoffbereitstellung	0,5342	●	0,025

● = signifikant   a = Signifikanzniveau
◐ = bedingt signifikant

Abb. 7-4: Kontingenzkoeffizienten zu den Situationsmerkmalen.

EDV-gestützten und zentral gelenkten PPS-Typs 4 tendieren, kann damit begründet werden, daß vom Maschinenbau, über die Terminproblematik hinaus, der Trend zu kleineren Losen geht. Damit erhöht sich der organisatorische Aufwand zur technischorganisatorischen Auftragsabwicklung. Hier erwartet man durch einen verstärkten EDV-Einsatz erhebliche Vorteile.

Bei "Sonstigen" (AP 4) Gußabnehmern werden die zuvor beschriebenen Trends nicht

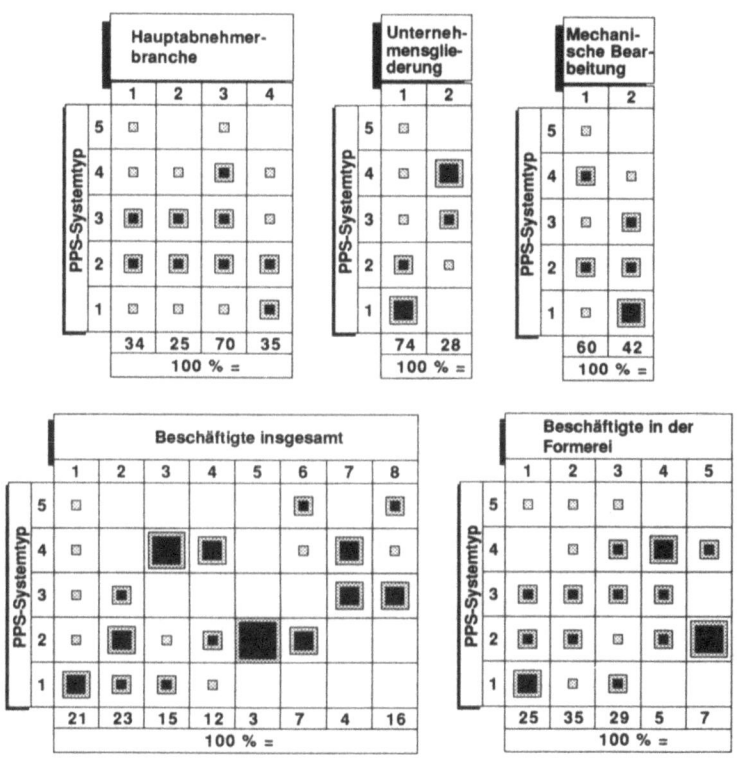

Abb. 7-5: Unternehmensbezogene Merkmale und PPS-Typen.

in so starkem Maße erwartet, zumal diese Gußabnehmer auch nicht zu den Hauptgußabnehmern und demzufolge mit entsprechend geringerem Einfluß gesehen werden.

Das Merkmal "Unternehmensgliederung" weist darauf hin, daß in z.B. Konzernen (AP 2) eingebundene Formereien zu einer EDV-orientierten zentralen PPS mit starker EDV-Unterstützung neigen. Das liegt darin begründet, daß sich Termin- und Qualitätsstörungen in der Gießerei als Vorstufe einer i. d. R. komplexeren Weiterverarbeitung gravierend negativ auf die Terminsituation über den gesamten Leistungserstellungsprozeß bis hin zur Montage durchziehen. Mit Hilfe einer stark zentralisierten Kontrolle wird hier versucht, dem Personal im operativen Prozeß möglichst wenig Dispositionsspielraum hinsichtlich Terminen zu lassen und gleichzeitig auch eine prozeßnahe Qualitätskontrolle zu realisieren. Generell zielt man hier in verstärktem Maße darauf ab, Termin- und Qualitätsabweichungen gezielt zu verhindern bzw. frühest möglich zu erkennen, damit nachfolgende Produktionsstufen nicht negativ beeinflußt werden. Reine Kundengießereien (AP 1) tendieren teilweise auch zu den EDV-unterstützten, AV-orientierten PPS-Typen 2 und 3, sind aber im wesentlichen dem PPS-Typ 1 zugeordnet. Diese vor allem kleineren Gießereien haben heute keine AV und erwarten auch für die Zukunft keine gravierenden organisatorischen Änderungen in Richtung AV. Hier dominiert der Meister über weite Bereiche der PPS-Funktionen.

Auch das Merkmal "Mechanische Bearbeitung" weist einen signifikanten Zusammenhang zu den PPS-Typen auf. Tendenziell neigen Unternehmen mit mechanischer Bearbeitung (AP 1) dazu, die PPS-Typen einzusetzen, die die nachgelagerte mechanische Bearbeitung in eine durchgängige PPS mit integrieren, wobei die Tendenz zu den beiden AV-orientierten, zentralisierten PPS-Typen 2 und 4 geht. Gießereien ohne mechanische Bearbeitung (AP 2) hingegen neigen eher zu meisterorientierten PPS-Typen 1 und 3, aber auch 2. Dieser Trend ist dadurch begründbar, daß die zunehmende Reduzierung der Fertigungstiefe bei den Gußabnehmern dazu führt, daß Gießereien erste spanabhebende Fertigungsschritte (Bohren, Gewinde schneiden, Planfräsen funktionaler Flächen) durchführen. Mit diesen vielfach als "gießereiartfremd" bezeichneten Tätigkeiten soll die Wertschöpfung je Teil erhöht und die Attraktivität der Gießerei für den Gußabnehmer erhöht werden. Diese Attraktivität resultiert u. a. daraus, daß Gußfehler (Lunker, Porositäten, harte Stellen, etc.) frühzeitig noch in der Gießerei erkannt werden und der Gußabnehmer von diesen fertigungstechnischen Problemen entlastet wird. Um sich aber für die mechanische Bearbeitung konkurrenzfähig zu qualifizieren, müssen Gießereien auch moderne, kapitalintensive NC- bzw. CNC-gesteuerte Maschinen einsetzen. Eine Einbindung einer solchen Nachbearbeitung in eine durchgängige PPS sichert bzw. verbessert die Kapazitätsauslastung dieser Maschinen.

Beim Merkmal "Beschäftigte insgesamt" kann festgestellt werden, daß der Trend zur Zentralisation, verstärktem EDV-Einsatz und AV-Orientierung mit steigender Beschäftigtenzahl im Unternehmen zunimmt. Bei kleineren Gießereien (bis ca. 50

Mitarbeiter) dominiert der meisterorientierte PPS-Typ 1. Ab ca. 250 Mitarbeitern (AP 4) findet man ausschließlich die AV-orientierten PPS-Typen. Erscheint es in den kleineren Gießereien durchaus noch nachvollziebar, daß das gesamte Betriebsgeschehen von einer Person überschaut werden kann, so ist eine Betriebstransparenz (Kosten, Termine, etc.) bei Betrieben ab ca. 50 Mitarbietern ohne geeignete Hilfsmittel und Spezialisierung kaum noch umfassend möglich. Hier soll eine umfassende Betriebstransparenz über eine zentralisierte AV-Kompetenz, unterstützt durch integrierte EDV-Systeme erreicht werden. In der Regel schon über eine entsprechende Grundausbildung (z.B. REFA) mit organisatorischen, betriebswirtschaftlichen und EDV-mäßigen Fragestellungen vertraut, erhofft man sich von der AV, daß die aus dem Betrieb zurückgemeldeten Daten problemadäquat mit Hilfe von Datenbankabfragetools (z. B. SQL, Reportgeneratoren) analysiert und zu Managementreports aufbereitet werden.

Der Trend zur Zentralisation, verstärktem EDV-Einsatz und AV-Orientierung nimmt mit steigender Beschäftigtenzahl in der Formerei zu. Dieser Zusammenhang ist dadurch erklärbar, daß Gießereien stark dazu neigen, den Gemeinkostenblock Personal und hier vor allem im operativen Prozeß so niedrig wie möglich zu halten. Vielfach arbeiten Meister und Vorarbeiter im Prozeß mit oder aber sind teilweise in stark störungsbehafteten Prozessen damit beschäftigt, vermehrt Verwaltungstätigkeiten auszuführen (Lohn-, Akkordscheine, Nacharbeitscheine ausfüllen). Diese Tätigkeiten reduzieren die Zeit, in der sich der Meister dem Personal, aber auch der Termin- und Kapazitätssituation widmen kann. Diese Problematik verstärkt sich mit zunehmendem Personalumfang, der der Meisterebene zugeordnet ist. Von einer Verlagerung planender und steuernder Tätigkeiten mit zeitnahen Rückmeldungen und einer hohen Planungsfrequenz erhofft man sich eine Entlastung der Meister und eröffnet dadurch die Möglichkeit, sich verstärkt um Personal und Qualität zu bemühen. Termine und Kapazitäten können dann durch eine intensive Betreuung durch die AV besser sichergestellt werden.

Auftragsbezogene Merkmale

In Abbildung 7-6 sind die Zusammenhänge zwischen den "Auftragsbezogenen Merkmalen" und den PPS-Typen dargestellt. Während beim auftragsbezogenen

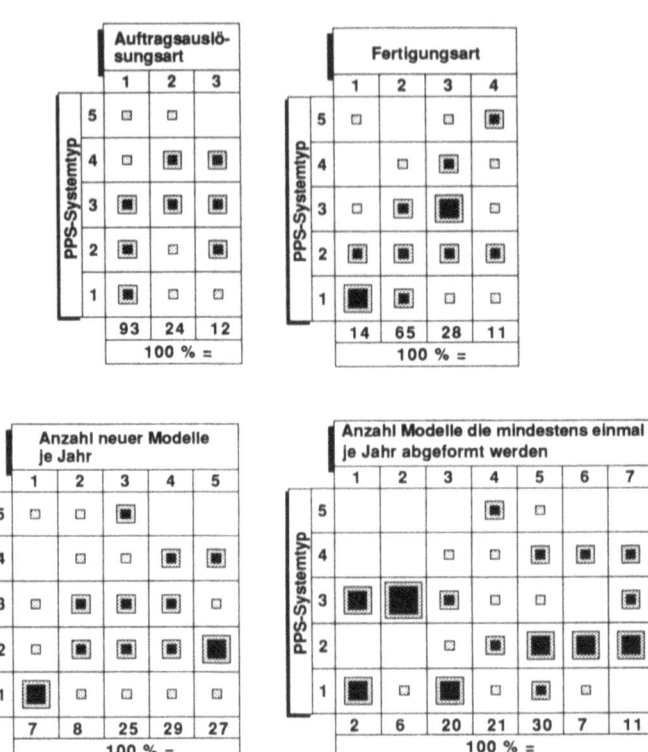

Abb. 7-6: Auftragsbezogene Merkmale und PPS-Typen.

Merkmal "Kundenbestellung mit Einzelaufträgen" (AP 1) hauptsächlich die PPS-Typen 1, 2 und 3 vertreten sind, dominieren bei den "Rahmenaufträgen" (AP 2) die PPS-Typen 3 und 4 und bei den "Lageraufträgen" (AP 3) ist eine Tendenz zu den PPS-Typen 2, 3 und 4 erkennbar. Bei "Kundenbestellungen mit Einzelaufträgen" (AP 1) sollte der PPS-Typ 1 dann eingesetzt werden, wenn Gußteile wiederholt über einen längeren Zeitraum (z.B. mehrere Wochen) abgeformt werden. Solche Aufträge können quasi als Konstante in der Formerei angesehen werden und bedürfen keiner besonderen organisatorischen Beherrschung, da hier relativ stabile, häufig wiederkehrende Abläufe vorliegen. Bei einer größeren Anzahl von Einzelaufträgen innerhalb einer Planungsperiode sollten die PPS-Typen 2 und 3 eingesetzt werden, wobei dem PPS-Typ 3 aufgrund seines umfangreicheren EDV-Einsatzes und der hohen Planungsfrequenz mit zunehmender Anzahl von Einzelaufträgen der Vorzug gegeben werden sollte. Dieses ist dadurch begründbar, daß mit zunehmender Anzahl von Einzelaufträgen die Auftragsverwaltung und vor allem die Termin- und Kapazitätsplanung nur noch mit EDV-Einsatz effizient durchgeführt werden kann. Weiterhin wird mit zunehmender Anzahl von Einzelaufträgen erwartet, daß Prozeßstörungen (fehlerhafte Modelle, fehlende Modellteile, gießtechnologische Probleme, etc.) häufiger auftreten. Dieses führt zu einer erhöhten Planungsfrequenz, damit im Rahmen der Termin- und Kapazitätsplanung der zu planende Prozeß möglichst realitätsnah abgebildet werden kann. Gegenüber dem Gußabnehmer ist man dann in der Lage, realistische Terminaussagen zu machen.

Die Tendenz bei "Rahmen-" und "Lageraufträgen" (AP 2 und 3) zu den PPS-Typen 3 und 4 erklärt sich dadurch, daß Gießereien mit Rahmenaufträgen vielfach für die Automobilindustrie gießen und die Gußteile auch bearbeiten, so daß sich solche Unternehmen auf die mit diesen Abnehmern verbundenen Anforderungen, vor allem in Hinblick auf die Termintreue, über diese PPS-Typen einstellen. Die beiden PPS-Typen zeichnen sich hier durch einen umfassenden EDV-Einsatz bei vergleichsweise hohen Planungsfrequenzen aus. Diese hohen Planungsfrequenzen müssen im Zusammenhang mit den häufig starken Lieferabrufschwankungen bei hohen Anforderungen an die Termintreue gesehen werden. Solche hohen Planungsfrequenzen können bei zusätzlicher Berücksichtigung weiterer Betriebsbereiche (Kernmacherei, mechanische Bearbeitung) mit vertretbarem Aufwand nur noch mit Hilfe integrierter EDV-Systeme erreicht werden.

Gießereien mit "Lagerorientierter Produktion" (AP 3) (z. B. Fittingsgießereien, Gießereien mit Finalprodukten), die zudem ein breites Spektrum an Produkten anbieten und bevorraten, setzen überwiegend mechanisierte bzw. automatisierte Arbeitssysteme ein. Auch in diesen Unternehmen geht der Trend eindeutig zur Reduzierung der Lagerbestände insgesamt und speziell auch der Bestellauslöse- und Sicherheitsbestände. Dieser Trend wirkt sich auf die Formerei in der Form aus, daß mit kleineren Fertigungslosgrößen, einer steigenden Anzahl von Nachbevorratungsaufträgen und mit einer Zunahme von Eilaufträgen gerechnet wird. Diesen erwarteten gestiegenen Anforderungen will man dadurch begegnen, daß verstärkt die EDV auf breiter Basis bei hohen Planungsfrequenzen eingesetzt werden soll. Hier stellen die PPS-Typen 3 und 4 geeignete Lösungen dar, wobei dem Typ 4 bei erhöhten Anforderungen der Vorzug gegeben werden sollte.

Hinsichtlich des Merkmals "Fertigungsart" haben Formereien mit "Einmalfertigung" (AP 1) einen deutlichen Schwerpunkt bei PPS-Typ 1. Die Neuartigkeit dieser einmalgefertigten Gußteile führt häufig dazu, daß die Konstruktionszeichnungen gießgerecht überarbeitet werden müssen. Infolgedessen müssen oftmals zeitintensive Gespräche mit den Gußabnehmern geführt werden. Der zeitliche Umfang dieser Gespräche ist nur schwer abschätzbar, so daß ein Abform- und Liefertermin in dieser Phase der Auftragsabwicklung noch nicht bestimmbar ist. Insgesamt liegen für Gußteile mit "Einmalfertigung" häufig nur Schätzwerte als Planungseingangsgrößen zur Termin- und Kapazitätsplanung vor, sodaß man sich durch den EDV-Einsatz zur Termin- und Kapazitätsplanung nur geringe Vorteile verspricht.

Bei der Merkmalsausprägung "Einzel- und Kleinserienfertigung" (AP 2) treten verstärkt die PPS-Typen 2 und 3 auf. Gegenüber der "Einmalfertigung" (AP 1) liegen hier EDV-mäßig schon Planungsgrundlagen zur Termin- und Kapazitätsplanung vor, so daß bei "Einzel- und Kleinserienfertigung" verstärkt EDV-eingesetzt wird.

Im Bereich der "Serien-" (AP 3) bis "Massenfertigung" (AP 4) sind Schwerpunkte bei PPS-Typ 1 und 3 bzw. PPS-Typ 2 und 5 erkennbar. Für den Bereich "Serienfertigung" (AP 3) haben die dort vorherrschenden PPS-Typen 1 und 3 die Mischung aus AV und Meister über die Planungsfunktionen und einen relativ geringen Umfang der in der Planung einbezogenen Bereiche gemeinsam. PPS-Typ 3 tendiert aber zu einem höheren EDV-Einsatz und erhöhter Planungsfrequenz. Die Meisterorientierung bei Serienfertigung kann dadurch erklärt werden, daß das an den Meister gebundene betriebsindividuelle prozeßtechnologische Know-How (fertigungstechnische Probleme mit schwierigen Modellen, Erfahrungswerte über Ausschußursachen und -höhen, etc.) zur Durchführung einer effektiven Produktion bereits frühzeitig in der Planung der Produktion mit einfließen muß. Dies ist gerade bei Serien von Bedeutung, weil sich systematische fertigungstechnologische Fehler auf eine größere Teilezahl auswirken können und solche Fehler i. d. R. erst in einer viel späteren Wertschöpfungsstufe erkannt werden (z. B. lunkerbehaftete Teile, harte Stellen). Dieses späte Erkennen der Art und des Umfanges von Ausschuß führt, bei in der Serie vergleichsweise langen Durchlaufzeiten bis zum Fertigteil, dazu, daß auch bei Nachfertigung die Endtermine kaum noch gehalten werden können. Im Bereich der Massenfertigung ist eher eine AV-Orientierung bei niedrigen bis mittleren Planungsfrequenzen erkennbar. Ursächlich ist dies darauf zurückzuführen, daß im Vergleich zur Serienfertigung hier fertigungstechnologische Probleme eher systematisch erfaßt und analysiert werden und diese Erkenntnisse dazu genutzt werden, um eine möglichst hohe Prozeßstabilität hinsichtlich Qualität, Menge und Termin herzustellen. Große Lose bei einer kleinen Anzahl von Modellen als typische Bedingungen einer "Massenfertigung" (AP 4) sind eine Voraussetzung, um den Prozeß bei vertretbarem Aufwand zu optimieren. Auch fällt der im Vergleich zu PPS-Typ 3 und 4 schwächer ausgeprägte EDV-Einsatz auf. Vielfach liegen gerade im Bereich der Massenfertigung, vor allem im Hinblick auf die ver- und entsorgenden Bereiche, quasi stationäre Materialflüsse mit hoher zeitlicher Konstanz und abgestimmten Kapazitäten vor, so daß termin- und kapazitätsorientierte Planungen teilweise durchaus noch ohne EDV-Einsatz sinnvoll durchführbar erscheinen.

Beim Merkmal " Anzahl neuer Modelle je Jahr" als Aufwandsindikator für die technologische und damit gleichzeitig auch termin- und kapazitätsmäßige Beherrschung des Formereiprozesses ist mit zunehmender Anzahl neuer Modelle eine Tendenz von den eher Meister-orientierten PPS-Typen 1, 3, 5 weg und hin zu den AV-orientierten PPS-Typen 2 und 4 erkennbar. Dieser Trend kann zunächst dadurch erklärt werden, daß mit zunehmender Anzahl neuer Modelle eine systematische fertigungstechnologische Planung unter Einsatz wissenschaftlicher Methoden eher in der AV anzutreffen ist. Fertigungstechnologische Probleme werden dann schon im Vorfeld der Produktion auf der Basis gesicherter Grundlagen erkannt und geklärt, so daß in solchen Fällen von einem relativ genau planbaren Formereiprozeß ausgegangen werden kann. Kann diese fertigungstechnologische Stabilität als relativ gesichert angenommen werden, können auch Termine und Kapazitäten sichergestellt werden. Geht man davon aus, daß mit zunehmender Anzahl neuer Modelle auch der Aufwand für Planung und Steuerung zunimmt, erscheint es plausibel, die Meisterebene zu entlasten und PPS-Aufgaben in der AV zusammenzufassen.

Das Merkmal "Anzahl Modelle, die mindestens einmal je Jahr abgeformt werden" weist darauf hin, daß mit zunehmender Anzahl aktiver Modelle der Trend weg von den Meister-orientierten PPS-Typen 1 und 3 und hin zu den AV-orientierten PPS-Typen 2 und 4 geht. Die wesentlichen Ursachen für diesen Zusammenhang sind darin zu sehen, daß bei einer geringen Anzahl an Modellen das modellspezifische, fertigungstechnologische Know-How durchaus noch empirisch-individuell erarbeitet werden kann. Die Modelle sind in der Regel bekannt und werden fertigungstechnologisch beherrscht. Know-How Träger sind hier die Meister, die ihr umfassendes Prozeßwissen einbringen. Mit zunehmender Anzahl Modelle kann das modellspezifische Prozeßwissen u. U. aus Mengengründen nicht mehr individuell, personenbezogen abgebildet werden. Ohne den systematischen Einsatz von geeigneten Hilfsmitteln sind einzelne Know-How Träger, auf die das gesamte Prozeßwissen fokussiert ist, überfordert. Deshalb erscheint es sinnvoll, mit zunehmender Anzahl aktiver Modelle auf PPS-Typen mit AV-Orientierung überzugehen. Hier sind eher die Möglichkeiten gegeben, das notwendige Prozeß-Know-How systematisch (z. B. in Arbeitsplänen, Qualitätsdokumentationen) zu erfassen, zu verwalten und im Bedarfsfall zur Verfügung zu stellen. Diese systematische Erfassung und Verarbeitung des Prozeß-Know-How's erscheint am ehesten über die PPS-Typen 2 und 4 erreichbar. Damit soll ein hohes Maß an Prozeßstabilität realisiert werden, das sich gleichzeitig positiv auf die Termineinhaltung und Kapazitätsnutzung in der Formerei auswirken soll.

Formwerkzeugbezogene Merkmale

Betrachtet man das Merkmal "Segmentmodellplattentechnik" (Abbildung 7-7), so erkennt man die Zuordnung von Formereiarbeitssystemen mit "Segmentmodellplattentechnik" (AP 1) zu den PPS-Typen 2 und 4.

Diese Zuordnung erscheint plausibel, da HEIMANN (1981) und WIEMER (1990) aufzeigen, daß das Problem der Feinkapazitätsabstimmung und der daraus resultierenden Reihenfolgebildung für Fertigungsaufträge beim Einsatz von automatischen bzw. mechanisierten Formanlagen mit Segmentmodellplatten und insbesondere bei kleinen Losgrößen nur noch mit umfassendem integrierten EDV-Einsatz, prozeßnaher Datenerfassung und der Implementierung optimierender Algorithmen wirtschaftlich beherrscht werden kann. Dies vor allem um eine hohe Auslastung der kapitalintensi-

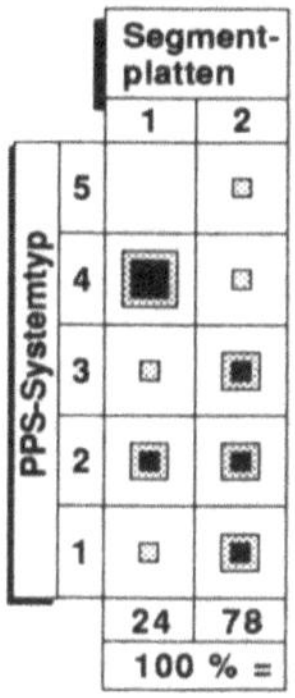

Abb. 7-7: Formwerkzeugbezogene Merkmale und PPS-Typen.

ven Anlagen sicherzustellen. Um unter solchen Bedingungen Prozeßstörungen kurzfristig zu beherrschen, muß vor allem die Funktion Feinkapazitätsabstimmung EDV-unterstützt und bei einer hohen Planungsfrequenz durchgeführt werden. Eine integrierte Online-Ankopplung an die aktuellen Prozeß- und Auftragsdaten ist für die kurzfristige Durchführung neuer Feinplanungen unerläßlich. Insofern kann hier nur PPS-Typ 4 zum Einsatz kommen. PPS-Typ 2 erscheint dagegen bei den Randbedingungen größere Lose, wenige Werkstoffqualitäten, geringere Formplattenteiligkeit (nur ganze oder 1/2 Platten) und einem technologisch insgesamt stabilen Formereiprozeß ebenfalls geeignet.

Kernbezogene Merkmale

Bei den Merkmalsausprägungen "Wenige Kerne mit einfacher/schwieriger Kerneinlegearbeit" (AP 1 und 2) findet man überwiegend die PPS-Typen 1 bis 3, während bei "Vielen Kernen mit einfacher/schwieriger Kerneinlegearbeit" (AP 3 und 4) die PPS-Typen 3 bis 5 dominieren (Abbildung 7-8).
Bei "Wenigen Kernen mit einfacher Kerneinlegearbeit" (AP 1) liegen kernlose bzw. kernarme Gußteile vor, so daß insbesondere bei manuell orientierten Formereien der PPS-Typ 1 und bei mechanisierten und automatisierten Formereien der PPS-Typ 2 angewendet werden sollte. Bei PPS-Typ 1 sind die Kernmachereien häufig nicht

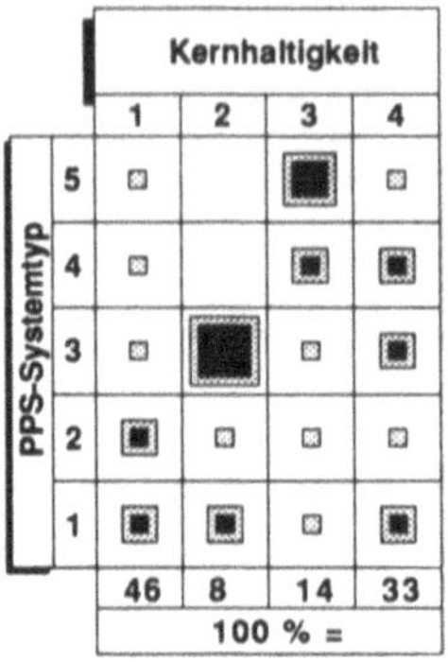

	Kernhaltigkeit			
	1	2	3	4
PPS-Systemtyp 5	□		■	□
PPS-Systemtyp 4	□		■	■
PPS-Systemtyp 3	□	■	□	■
PPS-Systemtyp 2	■	□	□	□
PPS-Systemtyp 1	■	■	□	■
100 % =	46	8	14	33

Abb. 7-8: Kernbezogene Merkmale und PPS-Typen.

permanent ausgelastet oder sind örtlich integraler Bestandteil der Formerei, wo das Formereipersonal im Bedarfsfall die nötigen Kerne selber fertigt. Hier ist der Meister ohne größere EDV-Unterstützung noch in der Lage, die termingerechte Bereitstellung der Kerne zu sichern. Darüber hinaus kann er im Fall von Kapazitätsschwankungen in der Formerei und Kernmacherei durch geeignete Personaldisposition und Berücksichtigung der Qualifikation des Formereipersonals die Auslastung des Personals flexibel sicherstellen, ohne die veränderte Kapazitätssituation EDV-mäßig abbilden zu müssen. Bei PPS-Typ 2 liegen permanent personell besetzte, kleinere Kernmachereien vor, in denen Kernschießmaschinen unterschiedlicher Litergrößen eingesetzt werden. Teilweise werden die Kerne noch manuell unter Einsatz einfacher Vorrichtungen gefertigt. Hier erscheint die Einbeziehung der Kernmacherei in eine durchgängige Planung aus Termin- und Kapazitätsgründen sinnvoll. Bei zunehmender Schwierigkeit der Kerneinlegearbeit sind die meisterorientierten PPS-Typen 1 und 3 sinnvoll, weil hier der Meister das qualifikatorische Potential der Formereiwerker schon frühzeitig mit in die Planungen einfließen lassen kann. Auch hier sollte bei manuell orientierten Formereien der PPS-Typ 1 und bei mechanisierten der PPS-Typ 3 eingesetzt werden.

Bei "Vielen Kernen mit einfacher Kerneinlegearbeit" (AP 3) findet man dominant den AV-orientierten PPS-Typ 4 vor. Bei einfacher Kerneinlegearbeit tritt der Meister mit seinem Know-How über das Personal eher in den Hintergrund. In dieser Situation kommt es viel stärker darauf an, die Kernmacherei, die i. d. R. mit größeren und kapitalintensiveren Maschinen bzw. Kernschießzentren ausgestattet ist, termin- und kapazitätsmäßig mit der Formerei zu harmonisieren und bei Störungen (Kernbruch, Ausfall einer Kernschießmaschine, geänderte Abformreihenfolge, etc.) sofort zu reagieren. Der als AV-orientierter, die Kernmacherei EDV-mäßig integrierender, mit einer hohen Planungsfrequenz und online-BDE auch in der Kernmacherei versehene PPS-Typ 4 stellt unter diesen Bedingungen die geeignete Organisationform dar. Bei zunehmender Kerneinlegeschwierigkeit stellen neben dem PPS-Typ 4 auch die eher meisterorientierten PPS-Typen 1 und 3, wie oben bei kernarmem Guß erläutert, sinnvolle Alternativen dar.

Metallversorgungsbezogene Merkmale

Die Merkmalsausprägungen "Ein Aggregat" bzw. "Mehrere Aggregate für eine Formerei" (AP 3) treten nur selten auf und sollen deshalb hier nicht weiter betrachtet werden (Abbildung 7-9). Sollen mehrere Formereien mit nur einem Schmelzaggregat

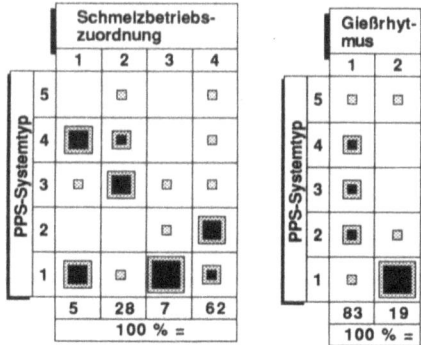

Abb. 7-9: Metallversorgungsbezogene Merkmale und PPS-Typen.

(AP 2) (i. d. R. Kupolofen mit Warmhalteofen oder größerer Induktionsofen) versorgt

werden, müssen die Zeitfunktion der Erschmelzung von flüssigem Metall und die Summe der Zeitfunktionen der Flüssigmetallaufnahme der einzelnen zu versorgenden Formereiarbeitssysteme aufeinander abgestimmt werden. Diese Abstimmung wird mit dem Ziel durchgeführt, bei Einsatz eines Kupolofens, diesen möglichst gleichmäßig und hoch ($\approx$ konstante Flüssigeisenerzeugung) auszulasten und gleichzeitig sicherzustellen, daß alle Bereiche zeitgerecht mit Flüssigmetall versorgt werden, so daß insbesondere bei automatischen Formanlagen keine Kapazitätsverluste auftreten.

Bei der täglichen Abstimmung der zu versorgenden Formereien mit dem Schmelzaggregat wird versucht, je Formerei eine Reihenfolge von Aufträgen zu finden, die die Zielerreichung unter Berücksichtigung weiterer Randbedingungen sicherstellt. Idealerweise stimmen die über der Zeit kumulierte Flüssigmetallabnahme und die kumulierte Flüssigmetallabgabe zu jedem Zeitpunkt überein. Diese Idealannahme kann aber für Realsituationen nicht angenommen werden. Hier werden dann Flüssigmetallüber- oder -unterdeckungen durch einen Puffer (z. B. Vorherd oder Induktionsofen) ausgeglichen. Trotz des Einsatzes von Vorherden kann es bei einer schlechten Abstimmung dennoch zu Kapazitätsverlusten in den Formereien kommen. Darüber hinaus beeinflussen störungsbedingte Reihenfolgeveränderungen in den Formereien die angestrebte Balance, so daß in solchen Fällen insbesondere für die Funktion Feinkapazitätsabstimmung ein die Formerei und Schmelzerei integrierendes EDV-System mit online-Prozeßdatenerfassung und -auswertung bei kurzen Planungsfrequenzen sinnvoll ist. Hierzu sind die PPS-Typen 3 und 4 als geeignet anzusehen. PPS-Typ 4 sollte tendenziell eher bei hochproduktiven Formanlagen mit kleinen bis mittleren Losen und mittleren bis starken Gewichtsschwankungen aufeinanderfolgender Modelle bzw. Platten eingesetzt werden.

Die Merkmalsausprägung "Mehrere Aggregate für mehrere Formereien" (AP 4) wird auch als kleiner bzw. großer Duplexbetrieb bezeichnet, wo ein oder mehrere Kupolöfen als Einschmelzaggregat und mehrere Induktionsöfen zur schnellen, flexiblen metallurgischen Anpassung sowie zum Warmhalten und Überhitzen eingesetzt werden. Bei Einsatz einer solchen Kombination ist man i. d. R. in der Lage, sich auf veränderte Abnahmemengen und Werkstoffqualitäten schnell und flexibel einzustellen, ohne daß es zu gravierenden Nutzungsverlusten in der Formerei kommt. Die

Vorteile dieses Betriebes werden bei langsameren Formanlagen mit kleinen Losen und häufigen Werkstoffwechseln genutzt. Da sich der Schmelzbetrieb relativ schnell und flexibel und ohne größeren Aufwand auf geänderte Anforderungen seitens der Formerei einstellen kann, erscheint diese Abstimmungsproblematik über eine fallweise verbale Kommunikation zwischen Formerei und Schmelzerei lösbar. Deshalb sind hier auch eher die PPS-Typen 1 und 2 geeignet.

Beim Merkmal "Gießrhytmus" wird in dieser Darstellung zwischen "mehrmal täglich abgießen" (AP 1) und "weniger als einmal täglich abgießen" (AP 2) unterschieden. Der überwiegende Teil der untersuchten Formereien gießt mehrmals täglich ab. Hier sind die PPS-Typen 2 bis 4 im Vordergrund. Wird weniger als einmal je Tag abgegossen, so dominiert PPS-Typ 1. Erklärbar ist das dadurch, daß hier die Abstimmungsproblematik zu den versorgenden Bereichen sehr schwach ausgeprägt ist, so daß die Planungsfunktionen noch manuell mit vertretbarem Aufwand durchführbar erscheinen.

Formstoffbezogene Merkmale

Bei der Merkmalsausprägung "Kontinuierlich" (AP 1) ist eine Zuordnung zu den PPS-Typen 2 bis 4 erkennbar (Abbildung 7-10).
Bei "Diskontinuierlicher Formstoffbereitstellung" (AP 2) liegt der Schwerpunkt bei PPS-Typ 1. Diese Formereien sind i. d. R. Formereien mit relativ geringer Tonnage, die zudem nicht permanent, sondern nur wenige Stunden je Tag oder noch seltener Abgießen. Hier wird der Formstoff nicht in geschlossenen Formstoffkreisläufen mit Sandaufbereitungsanlagen oder aus Neusandbunkern über Rohrleitungssystem permanent zugeführt. Vielfach mischen die Former den Formsand (Naßguß) in Kollergängen noch selber, oder aber bei Einsatz organisch gebundener Sande werden die Durchlaufmischer über Sandkübel nachbevorratet. In solchen Formereiarbeitssystemen muß die Sandversorgung planerisch und steuerungsmäßig nicht besonders berücksichtigt werden, so daß PPS-Typ 1 und 2 hier die geeigneten Organisationsformen sind.

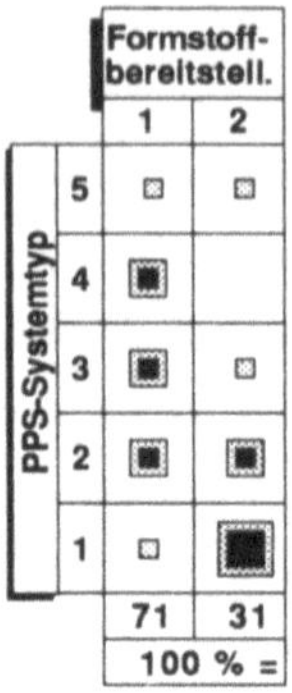

Abb. 7-10: Formstoffbezogene Merkmale und PPS-Typen.

7.4 Vorgehensweise zur Anwendung der Entscheidungsgrundlagen

Die im vorhergehenden Abschnitt durchgeführte Analyse des Einflusses der einzelnen Situationsmerkmale auf die Auswahl eines geeigneten PPS-Typs sind als Grundlage für die Durchführung des Entscheidungsprozesses zu betrachten.

Nachdem die Entscheidungsgrundlagen zur Auswahl von PPS-Typen erarbeitet wurden, wird nun dargestellt, wie der betriebliche Planer bei der praktischen Anwendung der Entscheidungsgrundlagen vorgehen soll, um einen geeigneten PPS-Typ zu finden. Hierzu wurde eine Vorgehensweise entwickelt (Abbildung 7-11 und 7-12), die sich in eine Grob- oder Feinauswahlphase untergliedert.

In Arbeitsschritt AS 1.1 muß der betriebliche Planer die der zu beplanenden Formerei zugrundeliegenden Situationsmerkmalsausprägungen erheben. Die hierzu notwendigen Informationen sollten über Interviews bei solchen Personen durchgeführt werden, die

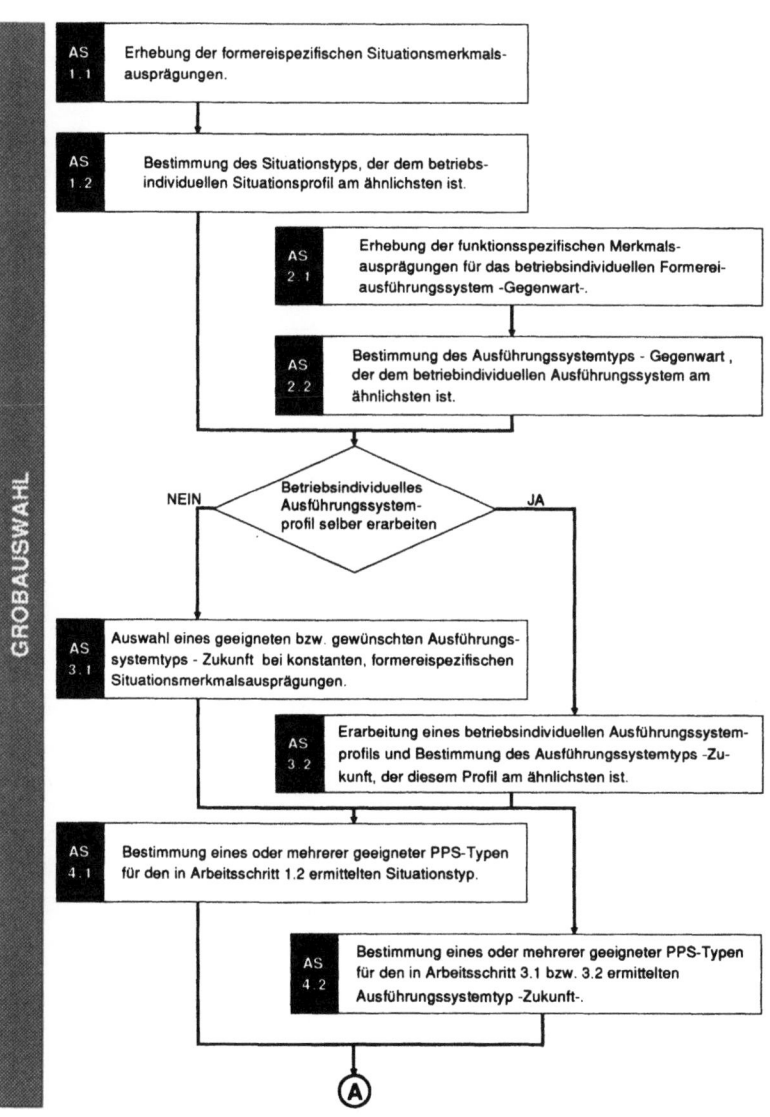

Abb. 7-11: Vorgehensweise zur Auswahl eines geeigneten PPS-Typs (I).

114

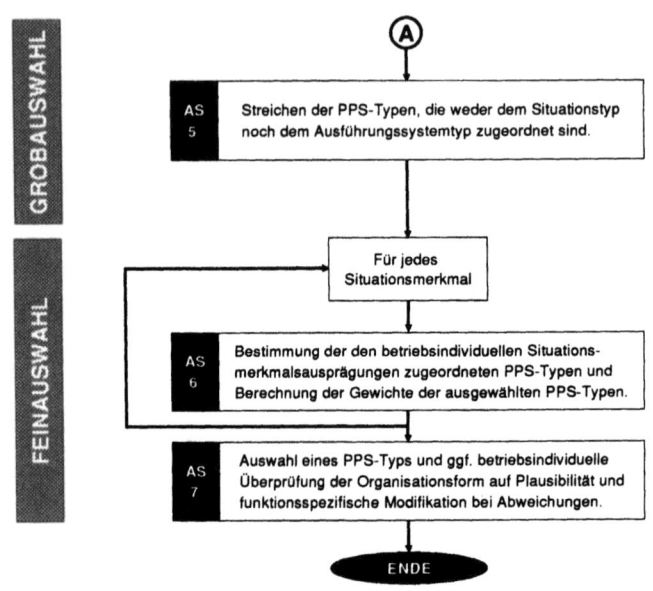

Abb. 7-12:   Vorgehensweise zur Auswahl eines geeigneten PPS-Typs (II).

über möglichst große Gesamtkenntnisse bezüglich der Formerei bzw. Gießerei verfügen. In kleineren Gießereien sind dies i. d. R. der Inhaber, Betriebsleiter oder Meister. In mittleren und größeren Gießereien sollte eher der Betriebs- bzw. Gießereileiter zusammen mit dem Meister der Formerei befragt werden. Für die Vorbereitung (inhaltliche Klärung der Begriffsinhalte zu den Merkmalen und Merkmalsausprägungen) und Durchführung der Erhebung kann, ausgehend von eigenen Erfahrungswerten, ein Zeitaufwand von ca. 1 bis 2 h angesetzt werden.

In Arbeitsschritt AS 1.2 wird einer der vier abgeleiteten Situationstypen bestimmt, der dem betriebsindividuellen Situationsprofil (Kombination der in Arbeitsschritt 1.1 erarbeiteten Situationsmerkmalsausprägungen) am ähnlichsten ist. Zur Bestimmung des ähnlichsten Situationstyps wird das in Abbildung 7-13 dargestellte Profilvergleichsverfahren vorgeschlagen.

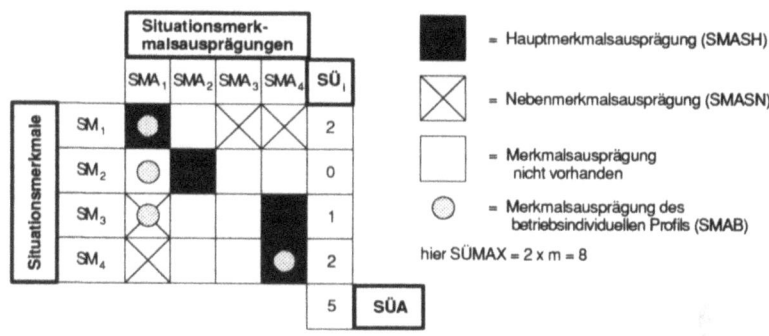

Abb. 7-13: Profilvergleichsverfahren (Beispiel).

In dem Profilvergleichsverfahren wird das betriebsindividuelle Situationsprofil mit jedem Situationstyp derart verglichen, daß je Merkmal überprüft wird, ob die betriebsindividuelle Situationsmerkmalsausprägung ($SMAB_{i,j}$) mit einer Hauptmerkmalsausprägung eines Situationstyps ($SMASH_{i,j}$) oder einer Nebenmerkmalsausprägung ($SMASN_{i,j}$) übereinstimmt, d.h.:

$$SMAB_{i,j} = SMASH_{i,j} \lor SMAB_{i,j} = SMASN_{i,j}$$

$$\begin{aligned} &mit\ i = 1...m\ und\ m = Anzahl\ Merkmale \\ &j = 1...n\ und\ n = Anzahl\ Merkmalsausprägungen \\ &zum\ Merkmal\ i \end{aligned} \quad (7\text{-}3)$$

Der Sachverhalt, daß es je Merkmal innerhalb eines Situationstyps eine dominante Merkmalsausprägung (Hauptmerkmalsausprägung) gibt, muß beim Profilvergleich durch eine Gewichtung berücksichtigt werden. Diese Gewichtung kann als Maß für die Stärke der Übereinstimmung zwischen $SMAB_{i,j}$ und dem Merkmal eines Situationstyps $SMAS_{i,j}$ aufgefaßt werden. Diese Stärke der Übereinstimmung ($SÜ_i$) wird festgelegt mit:

$$SÜ_i := \begin{cases} 2 & \text{wenn } SMAB_{i,j} = SMASH_{i,j} \\ 1 & \text{wenn } SMAB_{i,j} = SMASN_{i,j} \\ 0 & \text{wenn } SMAB_{i,j} \neq (SMASH_{i,j} \vee SMASN_{i,j}) \end{cases} \quad (7\text{-}4)$$

Die absolute Stärke der Übereinstimmung ($SÜA_k$) zwischen dem betriebsindividuellen Situationsprofil und einem Situationstyp k wird dann aus der Summe über die $SÜ_{i,k}$ ermittelt, also:

$$SÜA_k = \sum_{i=1}^{m} SÜ_{i,k} \quad (7\text{-}5)$$

mit $k = 1...o$ und $o =$ Anzahl Situationstypen

Zur Durchführung des Arbeitsschrittes AS 2.1 werden die erarbeiteten Funktionstypen (Abbildung C-2 bis C-11) für die Gegenwart herangezogen. Durch unmittelbare Objektbeobachtung und Befragung der Meister bzw. Vorarbeiterebene wird die gegenwärtige Gestaltung der einzelnen Ausführungssystemfunktionen dem Funktionstyp zugeordnet, der der beobachteten Funktionsgestaltung am ehesten entspricht. Zur Ausschaltung subjektiver Einflüsse bei der Beobachtung und Zuordnung sollte diese Erhebung von mehr als einer Person durchgeführt werden. Für diesen Arbeitsschritt kann bei Einsatz eines erfahrenen Planers ein Zeitaufwand von ca. 2 bis 3 h angesetzt werden. Bei dieser Erhebung muß vorausgesetzt werden, daß eine typische Betriebssituation vorliegt.

Im anschließenden Arbeitsschritt AS 2.2 wird der Ausführungssystemtyp - Gegenwart bestimmt, der dem betriebsindividuellen Ausführungssystemprofil am ähnlichsten ist. Hierzu kann das zuvor beschriebene Profilvergleichsverfahren angewendet werden. Dabei entsprechen die Ausführungssystemfunktionen den Situationsmerkmalen und die Ausführungsfunktionstypen den Situationsmerkmalsausprägungen. Das betriebsindividuelle Ausführungssystemprofil ist dabei mit den in Abbildung C-1 aufgeführten Profilen der Ausführungssystemtypen - Gegenwart zu vergleichen.

An dieser Stelle muß sich der Anwender entscheiden, ob er ein zukünftiges betriebsindividuelles Ausführungssystemprofil selber erarbeiten (Arbeitsschritt AS 3.2) oder ob er einen Vorschlag aus den Zuordnungsmatrizen aus Anhang E übernehmen möchte (Arbeitsschritt AS 3.1). In Arbeitsschritt 3.1 wird unter Anwendung der in Abbildung E-1 zusammengefaßten ausführungssystemspezifischen Zuordnungsmatrizen ein Ausführungssystemtyp -Zukunft- ausgewählt. Diese Auswahl stellt keinen notwendigen Arbeitsschritt dar, sondern soll dem betrieblichen Entscheider aufzeigen, welche möglichen und dominanten Entwicklungsrichtungen andere Fachleute für das vorliegende Ausführungssystem - Gegenwart sehen. Die in diesen Zuordnungsmatrizen am häufigsten auftretenden Ausführungssystemtypen - Zukunft können als die am ehesten konkurrenzfähigen Ausführungssysteme angesehen werden. Letztendlich muß die Auswahl eines zukünftigen Ausführungssystemtyps im Rahmen dieser Entscheidungshilfen aber als unternehmerische Entscheidung angesehen werden.

Wird keiner der Ausführungssystemtypen - Zukunft ausgewählt, sondern es wird ein individuelles zukünftiges Ausführungssystemprofil zusammengestellt oder aber das gegenwärtige Ausführungssystemprofil soll als Basis zugrundegelegt werden, so sollte, wie folgt, verfahren werden. Mit Hilfe des Profilvergleichsverfahrens ist das erarbeitete Ausführungssystemprofil mit den Ausführungssystemtypen - Zukunft zu vergleichen (Arbeitsschritt AS 2). Der dem erarbeiteten Ausführungssystemprofil am stärksten ähnliche Ausführungssystemtyp - Zukunft ist dann für die weiteren Arbeitsschritte heranzuziehen.

Zur Bestimmung der relevanten PPS-Typen werden in den Arbeitsschritten 4.1 und 4.2 zunächst mit Hilfe des Situationstyps aus Arbeitsschritt 1.2 und des Ausführungssystemtyps - Zukunft aus Arbeitsschritt 3.1 bzw. 3.2 mögliche PPS-Typen bestimmt (Arbeitsschritt AS 5). Für diese Bestimmung sind die Zuordnungsmatrizen aus Abbildung 7-3 heranzuziehen. Aus den möglichen PPS-Typen sind nun die als relevant einzustufen, die sowohl beim Situationstyp als auch beim Ausführungssystemtyp - Zukunft auftreten. Das Ergebnis dieses Arbeitsschrittes ist dann eine reduzierte Menge an PPS-Typen.

Damit ist die Grobauswahl abgeschlossen, so daß im Rahmen der Feinauswahl nun ein PPS-Typ aus der reduzierten Menge auszuwählen ist. Für diese Feinauswahl wird das in Abbildung 7-14 dargestellt Berechnungsverfahren vorgeschlagen. Im Grundgedanken wird davon ausgegangen, daß die Häufigkeit des Auftretens eines PPS-Typs bei einer Situationsmerkmalsausprägung als ein Maß für die Stärke des Zusammenhangs zwischen der Situationsmerkmalsausprägung und einem PPS-Typ aufgefaßt werden kann. Je häufiger also ein PPS-Typ bei einer Situationsmerkmalsausprägung auftritt, desto stärker ist ein Zusammenhang anzunehmen.

Im Rahmen der Feinauswahl wird das betriebsindividuelle Situationsprofil herangezogen, da ein auf die konkrete betriebliche Situation zugeschnittener PPS-Typ ausgewählt werden soll. Dazu wird nun je Merkmal die Stärke des Zusammenhangs ($S_{i,j}$) zwischen der betriebsindividuellen Situationsmerkmalsausprägung ($SMAB_{i,j}$) und den PPS-Typen bestimmt. Zur Bestimmung der Stärke dieses Zusammenhangs wird eine sechsstufige Rangskala eingeführt (Abbildung 7-13), über die den in Abbildung 7-3 dargestellten Häufigkeitsklassen numerische Werte zugeordnet werden können. Damit kann für jeden PPS-Typ eine Rangstufe hinsichtlich der betriebsindividuellen Situationsmerkmalsausprägung bestimmt werden.

Da nicht alle Situationsmerkmale einen gleich starken Zusammenhang zu den PPS-Typen aufweisen (unterschiedliche Kontingenzkoeffizienten), müssen diese gegeneinander gewichtet werden. Hierzu wird die Rangstufenzahl mit dem Kontingenzkoeffizienten des Situationsmerkmals (K_i) multipliziert. Damit kann über die bewertete Stärke ($SB_{i,j}$) die Stärke des Zusammenhangs zwischen einer betriebsindividuellen Situationsmerkmalsausprägung und jedem der PPS-Typen bestimmt werden. Die Bestimmung dieser bewerteten Stärke wird nun für jedes Situationsmerkmal durchgeführt. Dabei sollten aber nur die Situationsmerkmale mit einem Signifikanzniveau von $\alpha \leq 10\%$ und einer Kontingenz $K_i \geq 0{,}5$ berücksichtigt werden, da bei diesen Situationsmerkmalen von deutlichen Zusammenhängen ausgegangen wird. Die so bestimmten und bewerteten Einzelstärken werden nun je PPS-Typ summiert, also:

$$SPPS_l = \sum_{i=1}^{m} SB_{i,j,l} \quad mit \tag{7-6}$$

$$SB_{i,j,l} = S_{i,j,l} * K_i$$

$i = 1...m$ und m = *Anzahl Situationsmerkmale*
   mit $\alpha \leq 10\% \wedge K_i \geq o,5$
j = *betriebsindividuelle Situationsmerkmalsausprägung*
   zum Situationsmerkmal i
$l = 1...5$ *PPS-Typen*

Der PPS-Typ mit der höchsten Summe max. $SPPS_l$ wird als geeigneter PPS-Typ vorgeschlagen. Sollten ein oder mehrere Summenwerte innerhalb einer engen Toleranz um den höchsten Wert liegen, sollten diese PPS-Typen gegebenfalls diskutiert werden. Eine Diskussion sollte dann unter Einbeziehung der PPS-Typprofile erfolgen, in denen je PPS-Typ die funktionsspezifischen Streuungen über die PPS-Funktionstypen aufgeführt sind (Abbildung B-1 bis B-3). Diese Streuungen repräsentieren vom PPS-Typ abweichende funktionsspezifische Gestaltungsformen, die im Rahmen der Datenverdichtung weniger stark berücksichtigt werden, aber durchaus als sinnvolle Alternativen zu betrachten sind.

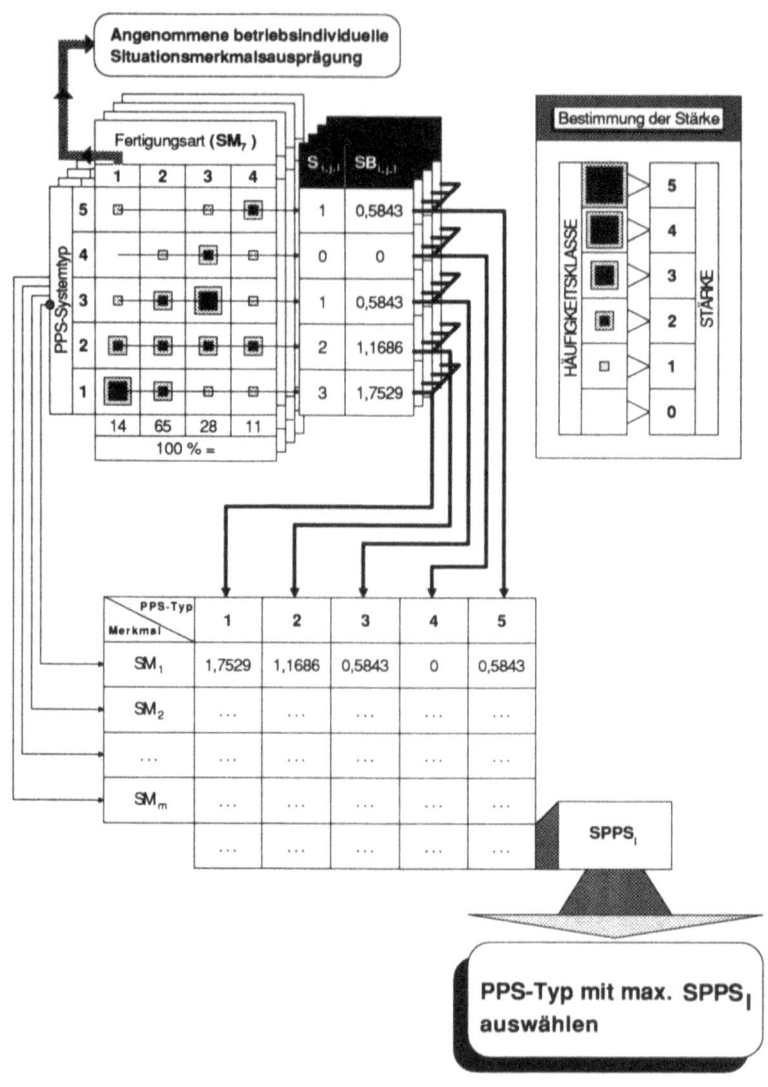

Abb.7-14: Berechnungsverfahren zur Auswahl eines PPS-Typs.

8. Exemplarische Anwendung der Entscheidungshilfen

Unter Anwendung der in den vorhergehenden Abschnitten entwickelten Entscheidungshilfen, soll hier nun die Praktikabilität aufgezeigt werden. Ausgangssituation für die Neugestaltung der PPS in der als Anwendungsfall untersuchten Formerei war eine zuvor durchgeführte Unternehmensanalyse, in der Schwachstellen der betrieblichen Organisation aufgezeigt wurden. In der anschließenden Phase der Konzipierung einer Soll-Vorstellung über die betriebliche Organisation wurden die Entscheidungshilfen für den Bereich der Formerei eingesetzt.

Das Unternehmen

Die Gießerei ist ein mittelständisches Gießereiunternehmen mit insgesamt 295 Beschäftigten. Davon werden ca. 50 Mitarbeiter im Angestelltenverhältnis beschäftigt. Als reine Kundengießerei werden in fünf Formereiarbeitsystemen mit 55 Formereiwerkern insgesamt ca. 1.500 Tonnen guter Guß/Monat produziert. Im Gewichtsbereich zwischen 0,1 bis 5 Tonnen/Stück werden Gußteile in GG, GGG und Meehanite in Einzelfertigung bis Serien abgeformt. Über die Gußteilherstellung hinaus werden Konstruktions-, Werkstoffberatung, Modell- und Formenbau als Leistungen angeboten. Der in Abbildung 8-1 aufgestellte Auszug der Gußteile und Abnehmerbereiche ist für Kundengießereien durchaus üblich.

Für dieses Produktspektrum werden von dem Unternehmen insgesamt 13.000 Modelle gelagert, wobei aber nur insgesamt 3000 aktive Modelle sind.

In den fünf Formereiarbeitssystemen werden eine DISAMATIC-Maschine, eine FORMATIC-Maschine, mehreren Rüttelpreßmaschinen für kleine Gußteile und eine Bodenrüttelvorrichtung für flache, sperrige Gußteile eingesetzt. In einer Handformerei werden größere Gußteile (Maschinenbetten, Ständer, Rundtische) abgeformt. Im Schmelzbetrieb wird dupliziert, wobei mehrere Kupolöfen in Verbindung mit einem Induktionsofen zum Warmhalten und Umlegieren eingesetzt werden. Das Unternehmen hatte bisher noch keine umfangreichen betriebsindividuellen Erfahrungswerte mit dem Einsatz der EDV gesammelt. Allein im Bürobereich werden seit kurzem Textverarbeitungssysteme auf PC-Basis eingesetzt.

Typische Gußteile	Abnehmerbereiche
Armaturen, Baumaschinenteile, Bergwerksmaschinen, Bremstrommeln,-scheiben, Elektromotoren, Elektrotechnik, Fahrzeugteile, Gehäuse, Gesenke und Formen, Getriebebau, Gewichte, Handräder, Haushaltsgeräte, Heizkessel, Herde u. Öfen, Hydraulikguß, Kanalguß, Kraftfahrzeuge, Kupplungen, Lager, Landmaschinen, Laufbüchsen, Laufräder, Laufrollen, Maschinenständer u. -betten, Meß- und Regeltechnik, Motorengehäuse, Nähmaschinen, Pumpen, Räder, Roste und Roststäbe, Rundstangen, Schaltkastenteile, Schiffbau, Schwungräder, Verdichter, Werkzeuge, Werkzeugmaschinen, Zahnkränze, Zahnräder, Zylinderlaufbüchsen	Automobilindustrie, Bauwesen, Bergbau, Chemische und petrochemische Industrie, Druckereimaschinen, Elektroindustrie, Getriebebau, Landmaschinen, Maschinenbau, Apparatebau, Prozeßindustrie (Papier, Textil, Färberei, Waschmittel), Schiffbauindustrie, Stahl- und Metallerzeugung, Sraßenfahrzeugbau, Werkzeugmaschinenbau, Werkzeugindustrie

Abb. 8-1: Gußteilspektrum und Abnehmerbereiche im untersuchten Unternehmen.

Die Untersuchung zur Gestaltung einer neuen Organisation für den Formereibereich wurde von einem gemischten Team, bestehend aus

- einem wissenschaftlichen Mitarbeiter des Forschungsinstituts für Rationalisierung (FIR-Aachen),
- dem AV-Leiter des Unternehmens

und

- dem Geschäftsführer des Unternehmens

durchgeführt.

Entsprechend der entwickelten Vorgehensweise wurden für die im Vordergrund der Betrachtung stehenden Formereiarbeitssysteme (DISAMATIC und FORMATIC) die betriebsindividuellen Situationsmerkmale in einem ca. einstündigen Interview erhoben.

Die sich daraus ergebenden formereispezifischen Situationsprofile sind in Abbildung G-1, G-2, G-3 und G-4 dargestellt. Im nächsten Arbeitsschritt wurde für diese betriebsindividuellen Situationsprofile ein Profilvergleich, entsprechend dem entwickelten Profilvergleichsverfahren durchgeführt (Abbildung G-5 und G-6). Der Profilvergleich ergab, daß beide Profile den Situationstyp 1 am ähnlichsten sind. Für die weiteren Arbeitsschritte wurde deshalb der Situationstyp 1 angewendet.

Die Zuordnung zu einem zukünftigen Ausführungssystemtyps konnte ohne die vorgeschlagene Detailanalyse durchgeführt werden, da die derzeit eingesetzten Formereiarbeitssysteme in ihrer Grundcharakteristik auch noch für einen Zeitraum von 10 Jahren eingesetzt werden sollen. Eine Ersatzinvestition in diesem Zeitraum wurde aber als durchaus möglich eingestuft. Die beiden Ausführungssysteme können dem Ausführungssystemtyp - Gegenwart 4 (Abbildung G-7) und dem Ausführungssystemtyp - Zukunft 4 (Abbildung G-8) zugeordnet.

Diese Einsatzentscheidung für die beiden Formereiarbeitssysteme steht in voller Übereinstimmung mit den Ergebnissen der Analyse der Entwicklung von Ausführungssystemen.

Im Rahmen der Grobauswahlphase konnte ermittelt werden, daß die PPS-Typen 2 und 3 als geeignete Organisationsformen der PPS in Formereien angesehen werden können. Die Durchführung der Feinauswahlphase ergab, daß der PPS-Typ 2 für beide Formereien als geeigneter PPS-Typ ausgewählt wird (Abbildung G-9 und G-10). Dieser Vorschlag wurde anschließend kritisch reflektiert und modifiziert.

Gegenüber dem Vorschlag von PPS-Typ 2 soll die Arbeitsverteilung von der AV durchgeführt werden. Die Zentralisation auf die AV liegt darin begründet, daß 5 Formereiarbeitssysteme unterstützt werden müssen. Würde man den damit verbundenen Verwaltungs- und Verteilungsaufwand auf ca. zwei Meister übertragen, könnten die Meister ihren eigentlichen Aufgaben im Prozeß nicht mehr angemessen nachkommen.

Die Lossplitting soll für beide Formereiarbeitssysteme und insbesondere für die

FORMATIC in Zukunft EDV-gestützt von der AV ausgeführt werden. Das Unternehmen beabsichtigt ein Formereiausführungssystem mit Rüttelpreßmaschinen und ca. 30 Formereiwerkern komplett aufzulösen, da zur Zeit erhebliche Probleme bei der Personalbeschaffung für dieses System bestehen. Die in diesem System abgeformten Modelle sollen, soweit wie möglich, auf die FORMATIC und die DISAMATIC Maschine übernommen werden. Diese Modelle werden überwiegend in Einzel- bis Kleinserien bei mittlerer Kernintensität gefertigt. Bei Übernahme auf die beiden Formanlagen reduziert sich die durchschnittliche Losgröße bei gleichzeitiger Zunahme der Produktivität. Heute schon hat das Unternehmen Probleme damit, die Formerei auf die Kernmacherei kapazitiv abzustimmen. Für die Situation, daß sowohl Kleinserien als auch Serien auf den Formanlagen gefertigt werden, erwartet man eine Verschärfung der Problematik. Hier soll nun die EDV-gestützte Lossplittung vor allem auf die Serien so angewendet werden, daß ein Modellmix für die Formanlage gefunden wird, der alle Kernschießmaschinen gleichmäßig und hoch auslastet.

Zusammenfassend kann festgestellt werden, daß die hier entwickelten Entscheidungshilfen ein praktikables Instrumentarium darstellen, um eine situationsgerechte Form der organisatorischen Gestaltung der PPS in Formereiarbeitssystemen zu finden. Der in diesem Praxisfall abgeschätzte Nutzen in wirtschaftlicher und humaner Hinsicht wurde von den Unternehmeen insgesamt hoch eingestuft.

9. Zusammenfassung

Die Gießereibranche mit einer deutlichen klein- und mittelständisch orientierten Betriebsgrößenstruktur (80 % der Eisen-, Stahl- und Tempergießereien beschäftigen weniger als 200 Mitarbeiter) zeigen erhebliche Defizite, die eigene betriebliche Organisation unter Einsatz moderner Techniken, Hilfsmittel, Verfahren und organisatorischer Strukturen situationsgerecht zu gestalten. Diese Ausgangslage wird durch eine insgesamt konservative Grundhaltung gegenüber Innovation verstärkt, die nicht technisch oder technologisch orientiert sind.

Die in den letzten Jahren zunehmenden Anforderungen an Termintreue, Transparenz des Betriebsgeschehens und Flexibilität, zwingen auch Gießerien dazu, sich diesen veränderten Randbedingungen durch den Einsatz situationsgerecht gestalteter und organisatorisch in den Betrieb eingepaßter PPS-Systeme anzupassen, um diesen Zielen gerecht zu werden. Gerade aber bei der organisatorischen Gestaltung von modernen PPS-Systemen, über die z. B. Termine und Kapazitätsauslastung sichergestellt werden sollen, sind erhebliche Schwierigkeiten zu erkennen, diese neuen Systeme in die betriebliche Organisation zu implementieren.

Obwohl z. B. Softwareprodukte und methodisch orientierte Vorgehensweisen existieren, fehlen bislang konkret umsetzbare Entscheidungshilfen, um PPS-Systeme in die Organisation einer Gießerei zu implementieren. Der Bereich Formerei wurde im Rahmen der Untersuchung ausgewählt, weil hier vergleichsweise hohe Effektivitätssteigerungspotentiale gesehen werden. Darüber hinaus kann die Formerei als Kernbereich der Produktion in Gießereien angesehen werden, von dessen effizientem Betrieb die Leistungen in vor- und nachgeschalteten Arbeitssystemen in starkem Maße abhängt.

Vor diesem Hintergrund wurden im Rahmen der vorliegenden Arbeit Entscheidungshilfen entwickelt, die es ermöglichen, eine situationsgerechte organisatorische Gestaltungsform der PPS in Formereiarbeitssystemen zu finden. Die Entscheidungshilfen können bei konsequenter Anwendung sowohl die Gestaltung als auch die Auswahl EDV-gestützter PPS-Systeme für die Formerei wesentlich erleichtern.

Im Grundgedanken vom situativen Ansatz der empirischen Organisationsforschung ausgehend, wurde auf der Basis vergleichender Betriebsuntersuchungen ein Zusammenhang zwischen der betrieblichen Situation, den Ausführungssystemen und einer geeigneten Organisationsform für die PPS hergestellt. Im Gegensatz zu ähnlich gearteten Arbeiten, die sich aber auf andere Untersuchungsgegenstände beziehen, wurde hier nicht von einem betrieblichen Ist-Zustand ausgegangen, da in vielen Fällen die organisatorische Gestaltung der PPS nicht als anforderungsgerecht angesehen werden kann. Deshalb wurde in dieser Arbeit versucht, in einer prospektiven Abschätzung für einen Zeitraum von ca. 10 Jahren ideale Organisationsformen der PPS in Formereien zu finden. Ausgegangen wurde dabei von den heute verfügbaren Technologien, die aber in der Gießereibranche nur in einem sehr geringen Maß eingesetzt werden.

Grundlage zur Entwicklung der Entscheidungshilfen war zunächst die Ableitung von Situationsmerkmalen, von denen ein Einfluß auf die organisatorische Gestaltung der PPS angenommen werden kann. Von besonderer Bedeutung war die Einflußgröße Ausführungssystem, da von ihr ein dominanter Einfluß auf die Gestaltung des PPS-Systems erwartet wurde. Hierzu wurde der Prozeß der Gußteilerstellung in der Formerei in einer hierarchisch gegliederten Funktionsstruktur abgebildet, die es ermöglicht, Ausführungssysteme in typisierter Form abzubilden.

Weiterhin wurde das formereirelevante PPS-System hinsichtlich seiner Funktionen von anderen PPS-Systemen im Betrieb abgegrenzt und dazu Gestaltungsaspekte der Organisation abgeleitet. Mit Hilfe dieser Vorbereitungen konnte die Situation, das Ausführungssystem und das PPS-System mit Hilfe quantitativer und qualitativer Merkmale in operationalisierter Form dargestellt werden. In einer Datenerhebung in 40 Unternehmen mit insgesamt 102 Formereiarbeitssystemen wurden Einsatzfälle von Formereiarbeitssystemen in Form einer Feldstudie erfaßt und die ideale organisatorische Gestaltung des formereibezogenen PPS-Systems mit betrieblichen Entscheidungsträgern erarbeitet. Die dabei angetroffene Vielzahl unterschiedlicher betrieblicher Erscheinungsformen machte es notwendig, sowohl die erhobenen Situationsprofile der einzelnen Formereien, als auch die angetroffenen Organisationsformen zu Typen zu verdichten, um durch eine gezielte Informationsverdichtung eine überschaubare Basis zur Ableitung der Entscheidungshilfen zu gewinnen. Für die Typenbildung wurde das mathematisch-statistische Verfahren der Clusteranalyse eingesetzt. Es konnten insgesamt vier Situationstypen, fünf Ausführungssystemtypen und fünf PPS-Typen ermittelt werden.

Die Zuordnung von geeigneten PPS-Typen zu den Situationstypen und Ausführungssystemtypen als Kern der Entscheidungshilfen erfolgte auf der Basis einer eingehenden Analyse des Einflusses der einzelnen Situationsmerkmalsausprägungen auf die Wahl der PPS-Typen. Im Rahmen der Einflußgrößenanalyse der Situationsmerkmalsausprägungen wurde auf der einen Seite mittels des statistischen Verfahrens der Kontingenzanalyse Abhängigkeiten zwischen den Situationsmerkmalsausprägungen und den PPS-Typen aufgezeigt und zum weiteren wurden auf der Basis sachlogischer Untersuchungen diese Abhängigkeiten auf ihre Plausibilität im Hinblick auf die Ziele der PPS überprüft.

Für die damit vorliegenden Entscheidungsgrundlagen wurde eine Vorgehensweise entwickelt, die den betrieblichen Planer in die Lage versetzt, ausgehend von der eigenen Situation eine geeignete organisatorische Gestaltung der PPS zu finden.

Die damit vorliegenden Entscheidungshilfen konnten in einer exemplarischen Anwendung erfolgreich auf ihre Praktikabilität getestet werden.

Der in dieser Arbeit aufgezeigte Handlungsbedarf für Entscheidungshilfen zur organisatorischen Gestaltung von Systemen in Gießereien ist auch auf andere Arbeitssysteme in Gießereien und zuletzt auch auf das gesamte System der betrieblichen Leistungserstellung als integrierter Materialfluß- und Informationsflußprozeß übertragbar. Ebenso wie für den Bereich der Formerei liegt hier z. B. für die Bereiche Kernmacherei, Schmelzerei und vor allen Dingen auch für die Putzerei ein erheblicher Handlungsbedarf vor. Besondere Beachtung sollte dabei den Schnittstellen gewidmet werden, über die die Bereiche ver- und entsorgt wird.

Im speziellen kann ein Bedarf an EDV-unterstützten Algorithmen festgestellt werden, die es ermöglichen, die Kapazität der Kernmacherei beim Einsatz automatisierter bzw. hochmechanisierter Formanlagen bei stark schwankender Losgröße sicherzustellen.

10. Literaturverzeichnis

ABELS, H.;	EDV-Einsatz in Gießereien - Teil 3 -
PASSINGER, H.:	In: Giesserei 76(1989)21, S. 732 - 736
	(= 1989a).
	(Forschungsinstitut für Rationalisierung
	- FIR - Aachen).
ABELS, H.;	EDV-Einsatz in Gießereien - Teil 2 -
PASSINGER, H.:	In: Giesserei 76(1989)20, S. 705 - 709
	(= 1989b).
	(Forschungsinstitut für Rationalisierung
	- FIR - Aachen).
ABELS, H.;	EDV-Einsatz in Gießereien - Teil 1 -
PASSINGER, H.:	In: Giesserei 76(1989)4, S. 110 - 113
	(= 1989c).
	(Forschungsinstitut für Rationalisierung
	- FIR - Aachen).
ABELS, H.;	Erarbeitung eines Leitfadens zum Einsatz
PASSINGER, H.;	von Integrierten Gießereisoftwarepaketen.
BENTLER, K.-B.:	AIF-Schlußbericht zum Forschungsvorhaben
	Nr. 6831, Aachen 1988.
	(Forschungsinstitut für Rationalisierung
	- FIR - Aachen).
ARZT, A. M.:	Änderung des Betriebsführungskonzeptes bei
	Tylor & Fenn zur Erhaltung der Wettbewerbsfähigkeit.
	In: Modern Casting 77(1987)5, S. 28 - 31.

AWF (HRSG.):	Integrierter EDV-Einsatz in der Produktion. CIM-Computer Integrated Manufacturing - Begriffe, Definitionen, Funktionsanordnung. Eschborn 1985.
BACKHAUS, K.:	Multivariate Analysemethoden. Berlin, Heidelberg, New York 1987.
BAMBERG, G.; BAUER, F.:	Statistik. 3. überarbeitete Auflage. München 1989.
BÄRECKE, W.:	Einsatz der dezentralen Rechentechnik zur Produktionsplanung und -steuerung in Gießereien. In: Gießereitechnik 36(1990)7, S. 203 - 205.
BÄRECKE, W.:	Einsatz lokaler Netze zur Produktionsplanung und -steuerung am Beispiel des VEB Metallgußwerk Wernigerode. In: Gießereitechnik 35(1989)7, S. 219-221.
BÄRECKE, W.; LEISTNER, H.:	Einsatzmöglichkeiten von Personal-Computer für Aufgaben der Produktionsplanung und -steuerung. In: Gießereitechnik 34(1988)8, S. 239 - 240.
BÄRECKE, W.; LÖFFLER, F.; KÖLLNER, M.:	Personalcomputereinsatz in Gießereien - Gesamtkonzept und erste praktische Erfahrungen. In: Giessereitechnik 33(1987)8, S. 244 - 246.

BÄRECKE, W.; Bürocomputereinsatz zur Prozeßsteuerung
SCHENK, M.:   in Gießereiabteilungen.
              In: Giessereitechnik 32(1986)7, S. 212 - 214.

BEHRINGER, R.:   Gußteile in kleinen Serien.
                 In: Moderne Fertigung, Landsberg 13(1985)5,
                 S. 30 - 39.

BENTLER, K.-B.;   Integrierte Gießerei-Software.
ABELS, H.;   Düsseldorf 1988.
PASSINGER, H.:

BENTLER, K.-B.:   Ein Beitrag zur Berücksichtigung der Unsicherheit bei Investitionsentscheidungen über automatische Formanlagen.
                  Dissertation RWTH Aachen 1990.
                  (Forschungsinstitut für Rationalisierung - FIR - Aachen).

BERMIG, H.:   Aus der Tätigkeit des Deutschen Gießereiverbandes.
              In: Giesserei, Düsseldorf 75(1988)11,
              S. 329 - 351.

BOCK, H. H.:   Automatische Klassifikation.
               Göttingen 1974.

BOCK, H. H.:   Clusteranalyse - Überblick und neuere Entwicklungen.
               In: OR-Spektrum, Berlin 1(1980),
               S. 211 - 232.

BOENISCH, D.:	Formstoffkunde, Formverfahren, Gießereimaschinen. Umdruck - Teil 2 -. RWTH-Aachen, Gießereiinstitut 1989 (=1989a).
BOENISCH, D.:	Formstoffkunde, Formverfahren, Gießereimaschinen. Umdruck - Teil 2 -. RWTH-Aachen, Gießereiinstitut 1989 (=1989b).
BORN, A.; BARTELS, R.:	Automatisierung und produktionsorientierte Optimierung eines Hochregallagers für Kerne. In: Giesserei 74(1987)23, S. 708 - 709.
BRIEF, U.:	Entwicklung und Erprobung eines EDV-gestützten Verfahrens zur Feinauswahl von Standardsysemen der Produktionsplanung und -steuerung im Maschinenbau. Dissertation RWTH Aachen 1984. (Forschungsinstitut für Rationalisierung - FIR - Aachen).
CLAUS, G.; EBNER, H.:	Statistik, Bd. 1, Grundlagen. Thun, Frankfurt/Main 1985.
DALLMER, D. A.:	Computerapplications in Foundries. In: Transactions American Foundrymen's Association 92(1984)3, S. 757 - 764.
DERNBACH:	3. Dernbacher Fachgespräche des VDG. In: Giesserei 77(1990)2, S. 35 - 37.

DERNBACH:	Dernbacher Fachgespräche 1986 mit Blick in die Zukunft. In: Giesserei 74(1987)1, S. 1 - 3.
DICHTL, E.; KAISER, A.:	Zur Verläßlichkeit der Ergebnisse empirischer Untersuchungen. In: WiST Wirtschaftswissenschaftliches Studium, München (1978)10, S. 490 - 492.
DIN 19926:	Regelungstechnik und Steuerungstechnik. Begrife 1968.
EBERT, R.:	Planung - Steuerung - Gütesicherung in kleinen und mittleren Gießereibetrieben mit Hilfe eines rechnerunterstützten Verbundsystems. Dissertation RWTH Aachen 1983.
EVERSHEIM, W.:	Organisation in der Produktionstechnik. Band 1: Grundlagen. Düsseldorf 1990.
EVERSHEIM, W.:	Organisation in der Produktionstechnik. Band 3: Arbeitsvorbereitung. Düsseldorf 1989 (= 1989a).
EVERSHEIM, W.:	Organisation in der Produktionstechnik. Band 4: Fertigung und Montage. Düsseldorf 1989 (=1989b).

FÖRSTER, H.-U.:	Integration von flexiblen Fertigungszellen in die PPS. FIR-Forschung für die Praxis, Bd. 19. Hrsg.: R. Hackstein. Berlin u.a. 1988. (Forschungsinstitut für Rationalisierung - FIR - Aachen)
GAST, O.:	Analyse und Grobprojektierung von Logistik-Informationssystemen. FIR-Forschung für die Praxis, Bd. 5. Hrsg.: R. Hackstein. Berlin u. a. 1985. (Forschungsinstitut für Rationalisierung - FIR - Aachen).
GOEKE, F.-G.:	Einführung einer Datenverarbeitung in einem mittelständischen Gießereibetrieb. In: Giesserei Erfahrungsaustausch 32(1988)4, S. 136 - 138, 141 - 144.
GOTTSCHALK, E.; SCHENK, M.:	Die Zukunft der Produktionsplanung und -steuerung in der Automatisierung der Gießereien - Teil 2 -. In: Gießereitechnik 34(1988)6, S. 176 - 183.
GOTTSCHALK, E.; SCHENK, M.:	Produktionsprozeßsteuerung in Gießereien. Leipzig 1987 (=1987a).
GOTTSCHALK, E.; ENSELEIT, J.; NEßLER, A.:	Betriebsdatenerfassung in Gießereien. In: Gießereitechnik 33(1987)8, S. 239 - 243 (=1987b).

GOTTSCHALK, E.; SCHENK, M.;	Basismodelle der Produktionsplanung und steuerung (PPS) in Gießereien. In: Gießereitechnik 33(1987)6, S. 171 - 175 (= 1987c).
GOTTSCHALK, E.; SCHENK, M.:	Probleme der Disposition in Formereien. In: Gießereitechnik 32(1986)12, S. 364 - 366.
GROSSE-OETRINGHAUS, W.-F.:	Fertigungstypologie unter dem Gesichtspunkt der Fertigungsablaufplanung. Berlin, 1974.
GÜNDEL, F.:	Reihenfolgebestimmung bei vollautomatischen Formanlagen zur Herstellung vertikal geteilter kastenloser Formen. In: Gießereitechnik 33(1987)8, S. 246 - 251.
HACKSTEIN, R.; VIRNICH, M.:	Stand der EDV in Gießereibetrieben - Ergebnisse einer Umfrage. In: Giesserei 72(1985)12, S. 337 - 343. (Forschungsinstitut für Rationalisierung - FIR - Aachen).
HACKSTEIN, R.:	Einführung in die technische Ablauforganisation. München, Wien 1988. (Forschungsinstitut für Rationalisierung - FIR - Aachen).

HACKSTEIN, R.:	Arbeitswissenschaft II und Betriebsorganisation II. Vorlesungsmanuskript. RWTH Aachen 1989 (= 1989a). (Forschungsinstitut für Rationalisierung - FIR - Aachen).
HACKSTEIN, R.:	Produktionsplanung und -steuerung (PPS). Düsseldorf 1989 (=1989b). (Forschungsinstitut für Rationalisierung - FIR - Aachen).
HEIMANN, A.:	Dialogorientiertes Reihenfolgeplanungsverfahren für automatische Formanlagen. Dissertation RWTH Aachen 1981. (Forschungsinstitut für Rationalisierung - FIR - Aachen).
HESPERS, W.; SCHINKEL, G.; AUF DEM KAMP, K.:	Entwicklung und Einführung eines EDV-Gesamtkonzeptes. In: Giesserei 73(1986)2, S. 31 - 37.
KAUFMANN, H.:	Clusteranalyse. In: Multivariate statistische Verfahren. Hrsg.: Fahrmeier, L.; Hamerle, A.. Berlin, New York 1984.
KIESER, A.; KUBICEK, H.:	Organisation. 2. Auflage. Berlin, New York 1983.

KISCHLAT, H.:	Die EDV geben wir nicht mehr her! In: VDG-Tagungsunterlagen zum Seminar "EDV in Gießereien". Düsseldorf 1989.
KNOBLICH, H.:	Betriebswirtschaftliche Warentypologie. Köln, Opladen 1969.
KOSIOL, E.:	Organisation der Unternehmung. Wiesbaden 1962.
KRAUS, K.:	Ursachen mangelnder Termintreue. In: Giesserei 77(1990)16/17, S. 544 - 545.
KRENZ, G.; SCHLEGEL, S.:	ARGUS - eine EDV-Gesamtlösung für die Gießereibranche. In: Metall 40(1986)4, S. 386 - 390.
KUBICEK, H.:	Empirische Organisationsforschung. Stuttgart 1975.
LANGNER, G.:	Rechnerprogrammsysteme für kaufmännische und technische Aufgaben in Gießereien. In: Giesserei 71(1984)20, S. 783 - 784.
LUDWIG, S.; ORTLOFF, H.:	Mathematische und organisatorische Strukturen der Reihenfolgeplanung automatischer Formanlagen. In: Gießereitechnik 34(1988)9, S. 277 - 281.

LUDWIG, S.:	Grundprinzip eines mehrere Zielstellungen berücksichtigenden Reihenfolgealgorithmus für eine automatische Formanlage mit stark wechselnden Sortimenten. In: Gießereitechnik 32(1986)12, S. 367 - 370.
MAGNUSSON, D.:	Testtheorie. Wien 1969.
MAMPAEY, F.:	Rechnereinsatz für die Produktionsplanung einer Kundengießerei. In: Giesserei 74(1987)8, S. 264 - 267.
ORTLOFF, H.; SCHENK, M.; WIEMER, H.:	Rechnergestützte Reihenfolgebestimmung der Fertigungsaufträge für eine automatische Formanlage. In: Gießereitechnik 32(1986)12, S. 370 - 376.
PAFFENHOLZ, B.:	Funktionsorientiertes Klassifikationsmodell zur quantitativen Analyse arbeitsorganisatorischer Strukturen unter besonderer Berücksichtigung von Fertigungsprozessen. Dissertation RWTH Aachen 1973. (Forschungsinstitut für Rationalisierung - FIR - Aachen).
PASSINGER, H.:	Auswertungsergebnisse zum Forschungsvorhaben "Technischer Wandel als Chance zur Gestaltung menschengerechter Technikanwendungen in Gießereien". Aachen 1990. (Forschungsinstitut für Rationalisierung - FIR - Aachen).

PFENNIG, V.:	Bestimmung der Automatisierungsgrades der rechnergestützten NC-Programmierung. FIR-Forschung für die Praxis, Bd. 19. Hrsg.: R. Hackstein. Berlin u. a. 1988. (Forschungsinsitut für Rationalisierung - FIR - Aachen).
PFOHL, H. C.:	Problemorientierte Entscheidungsfindung in der Organisation. Berlin, New York 1977.
PÖPPEL, J.:	Wie verändert die informationstechnische Herausforderung die Investitionsstrategien in der Fabrik der Zukunft? In: ZwF-CIM 82(1987)10, S. 555 - 560.
POKRZYWNICKI, B. v.:	Gestaltung von Arbeitsaufgaben für Leitstandsbediener in Gießereien. In: Gießereitechnik 33(1987)12, S. 380 - 382.
REFA (Hrsg.):	REFA-Mappe Gießerei Darmstadt 1989.
REFA (Hrsg.):	Methodenlehre des Arbeitsstudiums. Teil 3: Kostenrechnung, Arbeitsgestaltung. München 1985 (= 1985a).
REFA (Hrsg.):	Methodenlehre des Arbeitsstudiums. Teil 1: Grundlagen. München 1985 (= 1985b).

REFA (Hrsg.):	Methodenlehre der Planung und Steuerung. Teil 1: Grundlagen. München 1985 (= 1985c).
REFA (Hrsg.):	Methodenlehre des Arbeitsstudiums. Teil 2: Datenermittlung. München 1985 (= 1985d).
RÖVER, I.:	Einführungsbeispiel in einer mittelständischen Gießerei. In: VDG-Tagungsunterlagen zum Seminar "EDV in Gießereien". Düsseldorf 1989.
SCHENK, M.; WIEMER, H.:	Notwendigkeit, Möglichkeiten und Lösungsansätze einer Methodenbank zur Reihenfolgeplanung in Gießereien. In: Gießereitechnik 35(1989)7, S. 204 - 207.
SCHENK, M.; BÄRECKE, W.:	Bürocomputereinsatz zur Produktionsprozeßsteuerung in Gießereiabteilungen. In: Gießereitechnik 32(1986)7, S. 212 - 214.
SCHMEES, C.:	Gießereispezifische Produktionsplanungs und -steuerungssysteme. In: Giesserei 74(1987)1, S. 31 - 33.

141

SCHOMBURG, E.:	Entwicklung eines betriebstypologischen Instrumentariums zur systematischen Ermittlung der Anforderungen an EDV-gestützte Produktionsplanungs- und -steuerungssysteme im Maschinenbau. Dissertation RWTH Aachen 1980. (Forschungsinstitut für Rationalisierung - FIR - Aachen).
SCRIMSHIRE, D. A.; LAW, T. D.; DAZLMER, D. A.:	Computerized Foundry in Production Sceduling - An Analysis of Problems and Solutions. In: Transactions American Foundrymen's Association 92(1984), S. 151 - 159.
SODEUR, W.:	Empirische Verfahren zur Klassifikation. Stuttgart 1974.
SPEITH, G.:	Vorgehensweise zur Beurteilung und Auswahl von Produktionsplanungs und -steuerungssystemen für Betriebe des Maschinenbaus. Dissertation RWTH Aachen 1982. (Forschungsinstitut für Rationalisierung - FIR - Aachen).
STAEHLE, W. H.:	Management - Eine verhaltenswissenschaftliche Einführung. München 1980.

STAEHLE, W. H.: Deutschsprachige situative Ansätze in der Managementlehre.
In: Wirtschaftswissenschaftliches Studium (1979)5, S. 218 - 222.

STEIMEL, H. D.: Rationelle Arbeitsorganisation in NE-Metallgießereien unter besonderer Berücksichtigung der Entlohnungssysteme.
In: Giesserei 75(1988)14, S. 440.

STEINBAUER, G.;
SIEFER, W.: Verkettete Systeme - Stoffflußanpassung zwischen Kernmacherei und Formerei-Teil 2.
In: Giesserei 77(1990)25/26, S. 809 - 820.

STEINBAUER, G.: Jahresübersicht - Die Gießerei als Gesamtanlage (12. Folge).
In: Giesserei 73(1986)24, S. 709 - 717.

STEINBAUER, G.;
SIEFER, W.: Simulationsmodell zur Untersuchungs der Leistungsabstimmung zwischen Formerei und Schmelzbetrieb.
In: Giesserei 72(1985)24, S. 667 - 672
(= 1985b).

STEINHAUSEN, D.;
LANGER, K.: Clusteranalyse - Einführung in Methoden und Verfahren der automatischen Klassifikation.
Berlin 1977.

STOMMEL, H. J.: Betriebliche Terminplanung.
Berlin, New York 1976.

STRACK, M.:	Organisatorische Gestaltung einer zentralen Werkstattsteuerung. FIR-Forschung für die Praxis, Bd. 10. Hrsg.: R. Hackstein. Berlin u.a. 1987. (Forschungsinstitut für Rationalisierung - FIR - Aachen).
VDI (Hrsg.):	Lexikon der Produktionsplanung und -steuerung VI. Begriffszusammenhänge und Begriffsdefinitionen. Düsseldorf 1978.
VDG (Hrsg.):	Planung und Steuerung der Produktion in Gießereien. VDG-Merkblatt A 200. Düsseldorf 1983.
VDG (Hrsg.):	Die Gießerei-Industrie im Jahre 1989. Düsseldorf 1989.
VIRNICH, M.; BENTLER, K.-B.; NITSCHE, M.:	Einführung der EDV-gestützten Betriebsdatenerfassung in Giessereien. Aachen 1984. (Forschungsinstitut für Rationalisierung - FIR - Aachen).

VIRNICH, M.:	Betriebsdatenerfassung in Konstruktion und Arbeitsplanung. FIR-Forschung für die Praxis, Bd. 15. Hrsg.: R. Hackstein Berlin u.a. 1988. (Forschungsinstitut für Rationalisierung - FIR - Aachen).
VOGEL, F.:	Probleme und Verfahren der numerischen Klassifikation. Göttingen 1975.
VOGLHUBER, K.:	Druck- und Formengießerei erfaßt Betriebsdaten. In: AV - Die Arbeitsvorbereitung 24(1987)4, S. 129 - 130.
WIEMER, H.:	Disposition der Formenherstellung. Dissertation TU-Magdeburg 1990.
WORKING GROUP M 34:	Computersoftware for Foundry Industry. In: The British Foundryman 79(1986)3, S. 121 - 128.
WORKING GROUP M62:	Foundry production control for the 80's and 90's. In: The British Foundryman 81(1988)6, S. 306 - 312.
WORKING GROUP M62:	What is production control? In: The British Foundryman 78(1985)10, S. 509 - 510.

YAMANE, T.: Statistik.
Band 1.
Frankfurt 1976.

ZWICKY, F.: Entdecken, Erfinden, Forschen im Morphologischen Weltbild.
München, Zürich 1966.

ZANGEMEISTER, C.: Evaluierung zukünftiger FuE-Themen.
Hrsg.: TÜV-Rheinland.
Köln 1989.

Anhang

Anhang A

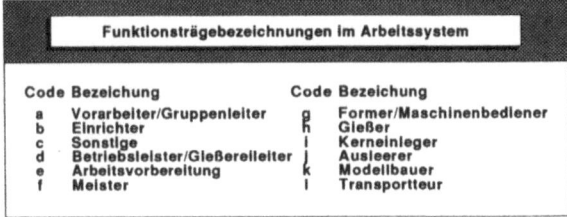

Abb. A-1:   Funktionsträgerbezeichnungen.

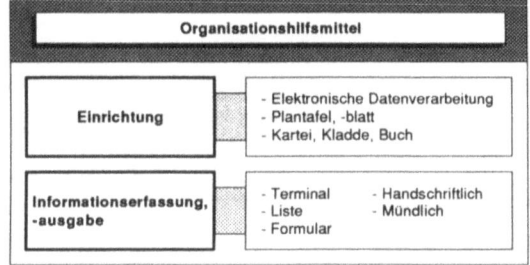

Abb. A-2:   Organisationshilfsmittel.

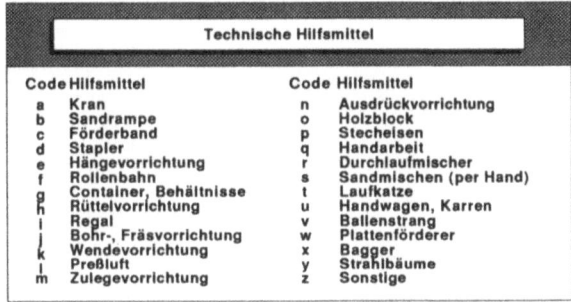

Abb. A-3:   Technische Hilfsmittel.

A-2

Ausführungs-systemfunktion	Gestaltungs-merkmal	Merkmalsausprägung	
2.1	Kasten	- Kastenlos	- Kastengebunden
1.3	EDV-Unterstützung	- Entfällt	- Vorhanden
3.2	Modellbeschichtung	- Tauchen - Bestreichen	- Spritzen/Sprühen - Pudern
3.3/3.4	Einfüllen	- Einsieben - Einschießen - Einschütteln - Einrütteln	- Luftstrom - Einsaugen - Aufwirbeln
	Aushärteprinzip	- Begasen mit CO - Erhitzen/Flämmen/Brennen - Selbstaushärtend (Furan, Phe)	- Zement - Naßguß (Betonit) - Trockenguß
4.1	Verfahren	- Handformen - Bodenformen - Rüttel-Press - Bodenrüppler - Wagner-Sinpo - Künkel-Wagner - Formatic - Disa - Vakuumformen - Luftimpuls-Anlage	- Zimmermann-Anlage - Hochdruckpress-Anlage - Vielstempelpress-Anlage - Grauer Anlage - Kastenlose Anlage - Vibro-Press - Kernschieß Anlage - Rüttel-Press (Rheinstahl) - BMD - Vario-Press
	Pressstempel	Medium	- Stempel - Selbstanpassendes Medium
		Kontur	- Profiliert — fix / variabel - Eben
5.7	Ballenzahl je Gußteil	- Zwei Ballen	- Mehrere Ballen
	Ballen zusammenhalten	- Verklammern - Verschrauben - Eigengewicht	- Beschweren - Pressen
6.2	Dosierüberwachung	- Unmittelbar	- Mittelbar
	Vergießeinrichtung	- Gabel-, Scherpfanne - Gießlöffel - Gießpfanne, -trommel - Stopfenpfanne	- Vergießofen - Schelzofen - Bereitstell- =Gießgefäß ja
7.1	Kühlart	- Natürliche Konvektion	- Zwangskonvektion
	Kühlort	Fester Ort Beim Transport	- Am Vergießort — - nicht Vergießort

Abb. A-4: Verfahrensprinzipien.

Subfunktionen zum Ausführungssystem

AF$_{11}$ - Zunächst werden die Abformwerkzeuge wie Modelle, Modellplatten, Losteile, Kerneinlegehren bereitgestellt. Diese Objekte kommen entweder aus dem Modellager oder aber auch aus dem Modellbau. Für die Bereitstellung werden die zueinander gehörenden Objekte (Modelle, Losteile, etc.) zusammengestellt und auf Vollständigkeit überprüft. Profilteile aus Holz, Metall oder Kunststoff, die zur Ausbildung des Eingusses, des Anschnittsystems, der Läufe, der Speiser und Luftpfeifen eingesetzt werden, liegen häufig in einem Handlager in unmittelbarer Nähe des Ausführungssystems. Oftmals sind diese gußtechnologischen Einzelteile aber auch integrale Bestandteile des Abformwerkzeuges (z.B. Modellplatte).

AF$_{12}$ - Sind die Abformwerkzeuge in einem Pufferlager in unmittelbarer Nähe des Ausführungssystems bereitgestellt, werden die Abformwerkzeuge aufgerüstet. Dazu werden lose Modelle und auch Modellplatten i. d. R. auf einer ebenen Fläche (Aufstampfboden) aufgelegt oder in einer Vorrichtung auch fixiert. Modellplatten können auch auf einem Modellplattenträger, auf dem eine oder mehrere Modellplatten befestigt sind, fixiert werden. Modellplattenträger können permanent mit dem Ausführungssystem verbunden sein; d. h., daß die Modellplatte direkt in das Ausführungssystem eingesetzt wird. Modellplattenträger können aber auch zusammen mit den Modellplatten in das Ausführungssystem eingesetzt werden, immer dann, wenn eine Modellplatte gewechselt wird.

AF$_{13}$ - Im Falle mechanisierter bzw. automatisierter Ausführungssysteme werden Maschinenparameter wie z. B. Preßdruck, Preßdruckverteilung auf die Verdichtungsstempel, Maschinentakt, Luftmenge, etc. eingestellt.

AF$_{14}$ - Bei einigen Ausführungssystemen werden die Abformwerkzeuge aufgeheizt.

AF$_{15}$ - Wurde die vorgegebene Stückzahl zu einem Abformwerkzeug erreicht oder treten organisatorisch, technisch oder technologisch bedingte Störungen auf, wird das Abformwerkzeug abgerüstet. Dabei kann es kurzfristig in der Nähe des Ausführungssystems gepuffert (Stellfläche, Wandregal, etc.) und dann in das

A-4

Modellager oder in den Modellbau zurücktransportiert werden. Das Abformwerkzeug kann aber auch in dem ausführungssystemnahen Puffer verbleiben, falls es kurzfristig wieder in das Ausführungssystem eingesetzt werden soll. Dieses ist häufig der Fall,
- wenn in einem Ausführungssystem wenige Abformwerkzeuge in einem kurzfristigen Zeitzyklus zum Einsatz kommen oder
- wenn das Abformwerkzeug einen Grundkörper darstellt, aus dem durch Kombination von Losteilen bzw. Ansteckteilen die gußteilspezifische Kontur und damit unterschiedliche Gußteilvarianten erzeugt werden.

AF_{21} - Zunächst muß die Formstoffabstützung bereitgestellt werden. Formstoffabstützung wird bei kastengebundenen Ausführungssystemen in Form von Formkästen bzw. -rahmen unterschiedlicher technischer Ausführungsformen realisiert. Formstoffabstützung kann aber auch in Form von Einrichtungen realisiert werden, die die Formballen verklammern und i. d. R. auch gleichzeitig beschweren. Formstoffabstützung kann aber auch integraler Bestandteil des Ausführungssystems sein (z. B. Bodenguß, kastenloses Formen, Herdguß). Die Bereitstellung erfolgt i. d. R. auf einer ausführungssystemnahen Stellfläche. Bei verketteten Ausführungssystemen wird die Bereitstellung über die in das Ausführungssystem integrierten Transporteinrichtungen realisiert.

AF_{22} - Bei der Subfunktion Formstoffabstützung zuführen werden das Abformwerkzeug und die Formstoffabstützung in eine zueinander örtlich definierte Position gebracht. In dieser Position werden die Objekte form- oder kraftschlüssig fixiert.

AF_{23} - Gegebenenfalls werden die so einander zugeordneten Objekte dann gemeinsam zur nächsten Funktion transportiert.

AF_{31} - Der Formstoff wird als fertige Formstoffmischung bereitgestellt. Das kann z. B. in Form von Durchlaufmischern kontinuierlich so erfolgen, daß die Sandmischung unmittelbar nach dem Mischen auf das Abformwerkzeug aufgebracht wird. Die Formstoffbereitstellung kann aber auch diskontinuierlich erfolgen. In diesem Fall wird die fertige Sandmischung häufig in einem Behälter über den Einfüllort gepuf-

A-5

fert. I. d. R. wird der Formstoff über Förderbänder oder Krananlagen aus der Formstoffaufbereitung kommend dort zwischengelagert. In älteren Ausführungssystemen (z.b. Naßguß-Handformereien) wird der Formstoff aber auch als loser Sandhaufen in der Nähe des Einfüllortes bereitgestellt.

AF_{32} - Die Funktion Abdecken (des Modells) tritt nur beim Vakuum-Formverfahren auf. Hier wird eine erhitzte Kunststoffolie mittels Unterdruck um das Abformwerkzeug angelegt.

AF_{33} - Um das Abformwerkzeug und den Formballen ohne Ballenabrisse oder sonstige Beschädigungen des Formballens zu trennen, wird auf die Oberfläche des Abformwerkzeuges ein Trennmittel aufgetragen. Die Durchführung dieser Subfunktion kann sowohl kontinuierlich vor jedem Abformvorgang erfolgen als auch nur sporadisch, wenn z.b. erkannt wird, daß Sandreste an dem Abformwerkzeug anhaften bleiben.

AF_{34} - Im Verlauf der Durchführung der Subfunktion Modellsand aufbringen wird die Oberfläche des Abformwerkzeuges mit Formstoff bedeckt. Je nach eingesetzter Formtechnologie können aus Kosten- und/oder technologischen bzw. verfahrensbedingten Gründen mehrere unterschiedliche Formstoffarten (-mischungen) sukzessiv an das Abformwerkzeug angelegt werden. Meistens arbeitet man aber mit einem sogenannten Einheitssand, d. h. der Formstoff, der am Modell anliegt, wird auch eingesetzt, um den Formkasten vollständig zu füllen.

AF_{35} - Abhängig von der Ablaufgestaltung des Ausführungssystems wird das mit Sand bedeckte Abformwerkzeug zur nächsten Funktion "Abformen" transportiert. Das Abformen kann aber auch am gleichen Ort wie "Formstoff zugeben" erfolgen.

AF_{41} - Bei der Subfunktion Formstoff verdichten wird unter Einwirkung äußerer Kräfte der Kornabstand des Formstoffes verringert.

AF_{42} - Nach der Verdichtung des Formstoffes werden das Abformwerkzeug und das erzeugte Formteil voneinander getrennt.

AF_{43} - Sind Einguß und Gußtümpel kein integraler Bestandteil des Modells (meist auf das Abformwerkzeug aufgesteckt oder mit mehreren Profilteilen und rohrförmigen Stücken eingeformt), werden diese in dieser Funktion durch entfernen von verdichtetem Formstoff erzeugt.

AF_{44} - Damit die im Formhohlraum enthaltene Luft bzw. die erzeugten Gase schnell entweichen können und das flüssige Metall hochgelegene Partien der Formteilkontur erreichen kann, bevor das Metall erstarrt, werden in das obere Formteil Luftkanäle (auch Luftpfeifen) eingebracht. Diese Luftkanäle verbinden die obere Formteilkontur mit dem Formrücken.

AF_{45} - Abhängig von der Lage der Formwerkzeugkontur für die einzelnen Formteile und abhängig von den nachfolgenden Arbeiten, müssen die Formteile gegebenenfalls ein- oder mehrfach um eine horizontale Achse gewendet werden. Gewendet wird hauptsächlich, um in die Formteilkontur Kerne und Teile einzulegen und um die Formteilhälften (Ober- und Unterkasten) zuzulegen.

AF_{46} - Damit der Formhohlraum mit flüssigem Metall erfüllt werden kann, muß daß flüssige Metall über ein System von Gießkanälen, die in ihrer Gesamtheit als Anschnittsystem bezeichnet werden, dem Formhohlraum zugeführt werden. Man unterscheidet hier neben dem Einguß zwischen Lauf und Anschnitt. Sind Lauf und Anschnitt nicht Bestandteil des Formwerkzeuges, so werden die Kanäle durch entfernen von Formstoff erzeugt.

AF_{47} - Im Verlauf der Durchführung der einzelnen Subfunktionen werden die Formteile bezüglich unterschiedlicher Qualitätsmerkmale (Formstoffausbrüche, etc.) überwiegend durch Sichtprüfung kontrolliert.

AF_{48} - Beschädigte Formteilkonturen werden durch Anlegen von Formstoff ausgebessert.

A-7

AF_{49} - Sowohl als verfahrenstechnisch notwendige Maßnahmen (z. B. Vakuumformen) als auch zur Verbesserung der Qualität der Gußteilflächen, werden Formüberzugstoffe (Schlichten) auf die Formteilkontur aufgebracht.

AF_{410}- Die letzte Subfunktion soll hier nicht konsequent als abschließender Arbeitsschritt gesehen werden, da Ortsveränderungen der Formteile ab Subfunktion AF_{42} je nach Ausführungssystem ein- oder mehrfach durchgeführt werden. Da aber im Verlauf der Untersuchungen festgestellt wurde, daß ein oder mehrere Transportvorgänge innerhalb der Funktion AF_4 gleich bzw. stark ähnlich gestaltet sind, werden diese Transportvorgänge, falls sie anfallen, zu einer Subfunktion AF_{410} zusammengefaßt.

AF_{51} - Zunächst werden Kerne und gußtechnologische Teile in einem Handlager (üblicherweise Stellregal, Bodenfläche oder Ladehilfsmittel - Palette -) unmittelbar zum Einlegen bereitgestellt.

AF_{52} - Werden ein oder mehrere Kerne in das Formteil eingesetzt, so werden diese häufig mit Hilfe von Kernstützen gegeneinander und gegen die Formteile abgestützt. Hauptsächlich werden die Kernstützen zur Verhinderung der Durchbiegung bzw. des Bruches von Kernen eingesetzt, wenn auf die Kerne hydrostatische und/oder -dynamische Kräfte des flüssigen Eisens wirken.

AF_{53} - Kerne können sowohl als Einzelkerne oder auch als Kernpakete (montierte Einzelkerne) auftreten. Teilweise erfolgt die Kernmontage im Arbeitsablauf der Formerei.

AF_{54} - Im Verlauf dieser Subfunktion werden die Kerne bzw. Kernpakete entweder zeitlich parallel oder sukzessiv in das Formunterteil eingesetzt.

AF_{55} - Weiterhin werden die Formteile mit den gußtechnologischen Teilen bestückt.

AF_{56} - Da es in den vorhergehenden Subfunktionen zu Abschürfungen an Formteil und an den Kernen kommen kann, so daß sich der abgeschürfte Formstoff in der Formteilkontur sammelt, werden die Formteile gereinigt.

AF_{57} - In der Subfunktion Form zulegen werden die zu einer fertigen Form gehörenden Formteile aufeinandergelegt. Dabei werden die Formteile so zueinander positioniert, daß es zu keinem Versatz der Formteile kommt. Die Formteile werden form- und/oder kraftschlüssig miteinander verbunden.

AF_{58} - Sehr häufig erfolgt an dieser Stelle ein Transport der zugelegten und abgußfertigen Form zum Abgießen.

AF_{61} - Im Rahmen dieser Subfunktion wird die Schmelze zunächst bereitgestellt.

AF_{62} - Danach erfolgt der eigentliche Vorgang des Metalleinfüllens in die abgußfertige Form.

AF_{63} - Nach dem Einfüllen kann die abgegossene Form am Ort des Abgusses verbleiben, so daß das Abkühlen am Ort des Abgusses erfolgt. Häufig aber erfolgt das Abkühlen während des Transportes oder nach einem Transportvorgang.

AF_{71} - Nach dem Abguß erfolgt ein Abkühlen des Metalls auf eine Temperatur, so daß das Gußteil der Form entnommen werden kann.

AF_{72} - Handelt es sich um kastengebundene Ausführungssysteme, werden zunächst der Formballen mit dem Rohguß vom Formkasten getrennt.

AF_{73} - Danach erfolgt ein Trennen von Gußstücken und Formballen. Hier wird der Formstoff bis auf den unmittelbar an der Rohgußoberfläche anhaftenden Formstoff entfernt. Zudem versucht man hier schon, den Kernsand weitgehend zu entfernen.

AF_{74} - Nach diesen Trennvorgängen wird das Gußstück dem Trennort entnommen und

AF_{75} - gegebenenfalls sortiert. Teilweise werden hier schon die Speiser- und Anschnittsysteme abgetrennt. Diese Funktionen werden im Rahmen dieser Untersuchung nicht dem Ausführungssystem Formerei zugeordnet.

AF_{76} - Bei kastengebundenen Ausführungssystemen werden die Formkästen wieder der Funktion "AF_2 - Formstoffabstützung zuführen" zugeleitet.

AF_{77} - Der entfernte Formstoff wird entweder regeneriert und mit neuem Sand gemischt zu neuem Formstoff verarbeitet oder als Altsand auf eine Deponie gebracht.

AF_{78} - Die Gußstücke werden dem Ausführungssystem entnommen und für die weitere Bearbeitung in nachfolgende Ausführungssysteme transportiert.

Anhang B

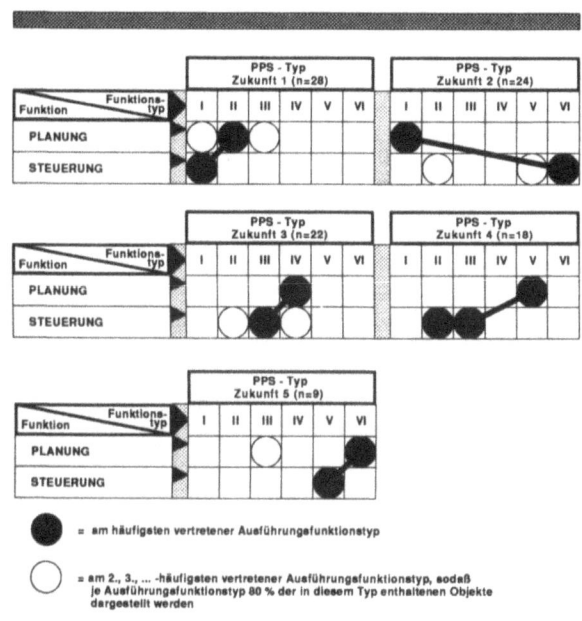

Abb. B-1: Profile der PPS-Typen.

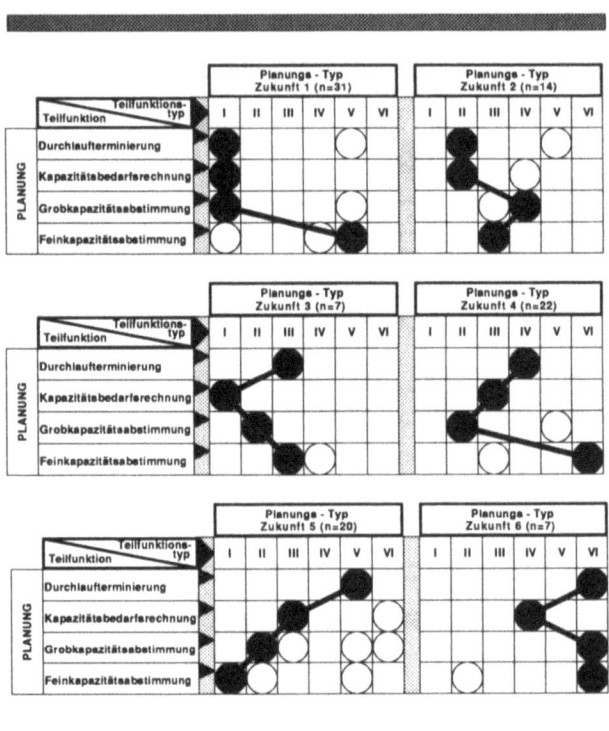

Abb. B-2: Profile der Planungstypen.

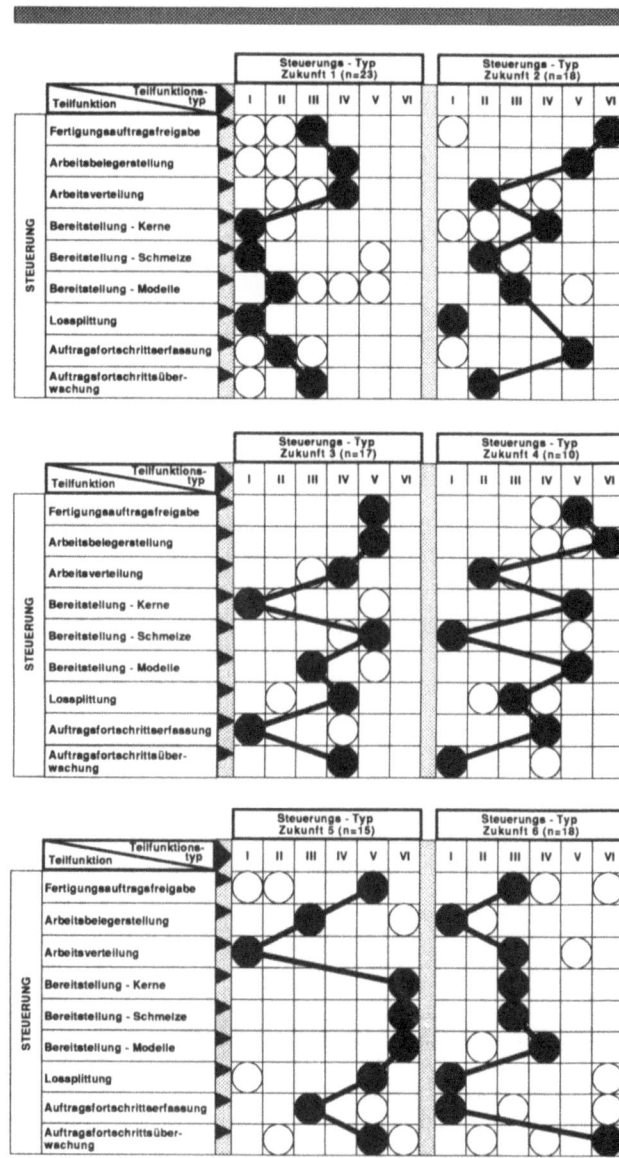

Abb. B-3: Profile der Steuerungstypen.

Planungsfunktion "Durchlaufterminierung" - Zukunft

Gestaltungs-aspekt	Arbeitsteilung	Ablauforganisatorische Regelung					Hilfsmittel		Verfahrensprinzip	
Funktionstyp	Funktions-ausführung	Ort der Ausführung	Ausführungs-frequenz	Zeitraster der Planung	Automati-sierung	Einrichtung	Informations-eingabe, -ausgabe	Art der EDV	Terminierungs-art	Einleitung des Auftrages
I	Arbeitsvorberei-tung	Zentral für mehrere Formereien	Mehrmals wöchentlich (Wöchentlich)	Woche, (Tag)	Gestützt	EDV	Liste	Integrierte Lösung	Rückwärts	Kernmacherei, Formerei, Putzerei, Schmelzerei
II	Betriebsleiter (AV)	Zentral für mehrere Formereien	Mehrmals wöchentlich, (Mehrmals täglich)	Woche, (Tag)	Personelle Ausführung mit Hilfsmitteln	Kartei, Kladde, Buch	Liste, Mündlich	✗	Rückwärts	Kernmacherei, Formerei
III	Arbeitsvorberei-tung (Betriebsleiter/AV)	Zentral für mehrere Formereien	Täglich, (Mehrmals wöchentlich)	Woche	Gestützt	EDV	Terminal	Integrierte Lösung	Vorwärts	Kernmacherei, Formerei, Schmelzerei
IV	Arbeitsvorberei-tung, (Meister)	Zentral für mehrere Formereien	Mehrmals täglich, (Mehrmals wöchentlich)	Woche	Gestützt	EDV	Terminal, (Liste)	Integrierte Lösung	Vorwärts, Rückwärts	(Kern-macherei), Formerei
V	Arbeitsvorberei-tung	Zentral für mehrere Formereien	Mehrmals täglich	Tag, (Woche)	Gestützt	EDV	Terminal	Integrierte Lösung	Vorwärts, Rückwärts	Kernmacherei, Formerei, Putzerei, Schmelzerei, W.B.B.
VI	Arbeitsvorberei-tung	Zentral für mehrere Formereien	Mehrmals wöchentlich, (Täglich)	Tag, (Stunde)	Personelle Ausführung mit Hilfsmitteln	Plantafel, -blatt	Liste	✗	Rückwärts (Vorwärts),	Kernmacherei, Formerei, Putzerei, Schmelzerei (W.B.B.)

Abb. B-4: Durchlaufterminierung.

Abb. B-5: Kapazitätsbedarfsrechnung.

B-6

Planungsfunktion "Feinkapazitätsabstimmung" - Zukunft

Gestaltungs-aspekt	Arbeitsteilung	Ablauforganisatorische Regelung				Hilfsmittel			Verfahrensprinzip	
Funktions-typ	Funktions-ausführung	Ort der Ausführung	Ausführungs-frequenz	Zeitraster der Planung	Automati-sierung	Einrichtung	Informations-eingabe, -ausgabe	Art der EDV	Terminierungs-art	Einlastung des Auftrages
I	Arbeitsvorberei-tung/ Meister, (Meister/AV)	Zentral für mehrere Formereien, (Für diese For.)	Mehrmals täglich, (Mehrmals wöchentlich)	Tag, (Stunde)	Gestützt	EDV	Terminal, Liste	Integrierte Lösung		
II	Arbeitsvorberei-tung/ Meister, (Meister)	Zentral für mehrere Formereien	Wöchentlich, (Mehrmals täglich)	Tag, (Halbwoche)	Personelle Ausführung mit Hilfsmitteln	Plantafel, -blatt	Liste, Mündlich			
III	Meister	Zentral für mehrere Formereien, (Für diese For.)	Täglich	Tag	Personelle Ausführung mit Hilfsmitteln, (P.A. ohne H.)	(Plantafel, -blatt)	Mündlich			
IV	Meister (Vorarbeiter/ Meister)	Zentral für mehrere Formereien, (Für diese For.)	Täglich	Halbwoche, (Stunde)	Personelle Ausführung mit Hilfsmitteln	Plantafel, -blatt	Liste, Formulare			
V	Meister (2), (Meister/AV)	Für diese Formerei, Zentral für mehrere For.	Täglich	Tag, (Halbtag)	Personelle Ausführung mit Hilfsmitteln, (P.A. ohne H.)	Plantafel, -blatt	Mündlich			
VI	Meister (2), (Betriebsleiter u./o. Meister/ AV)	Für diese Formerei	Täglich, (Mehrmals wöchentlich)	Tag	Personelle Ausführung mit Hilfsmitteln	(Karrei, Kladde, Buch)	Liste, (Mündlich)			

Abb. B-6: Grobkapazitätsabstimmung.

B-7

Gestaltungs-aspekt	Arbeitsteilung	Ablauforganisatorische Regelung					
						Hilfsmittel	
Funktions-typ	Funktions-ausführung	Ort der Ausführung	Ausführungs-frequenz	Zeitraster der Planung	Automati-sierung	Einrichtung	Informations-eingabe, -ausgabe	Art der EDV
I	Arbeitsvorberei-tung	Zentral für mehrere Formereien	Einmal täglich, (Wöchentlich)	1 Tag, (Ein Monat)	Personelle Ausführung mit Hilfsmitteln	Plantafel, -blatt	Liste	
II	Arbeitsvorberei-tung	Zentral für mehrere Formereien	Wöchentlich, (Mehrmals wöchentlich)	Eine Woche, (Mehrere Wochen)	Gestützt	EDV	Terminal, Liste	Integrierte Lösung
III	Betriebsleiter, (AV/Meister)	Zentral für mehrere Formereien	Mehrmals wöchentlich, (Wöchentlich)	Eine Woche	Personelle Ausführung mit Hilfsmitteln	Plantafel, -blatt	(Liste)	
IV	Betriebsleiter, (Meister)	Zentral für mehrere Formereien	Mehrmals wöchentlich	Mehrere Wochen, (Halbe Woche)	Gestützt, (Automatisiert)	EDV	Terminal, Liste, (Formulare)	Integrierte Lösung
V	Arbeitsvorberei-tung, (Betriebsleiter)	Zentral für mehrere Formereien	Wöchentlich	Eine Woche, (Halbe Woche)	Gestützt	EDV	Liste, (Terminal, Liste)	Integrierte Lösung
VI	Arbeitsvorberei-tung	Zentral für mehrere Formereien	Mehrmals wöchentlich, (Mehrmals täglich)	Mehrere Wochen, (Eine Woche)	Gestützt	EDV	Formulare	Integrierte Lösung

Steuerungsfunktion "Fertigungsauftragsfreigabe" - Zukunft

Abb. B-7: Feinkapazitätsabstimmung.

Gestaltungsaspekt	Arbeitsteilung	Ablauforganisatorische Regelung			Hilfsmittel			
Funktionstyp	Funktionsausführung	Ort der Ausführung	Ausführungsfrequenz	Zeitraster der Planung	Automatisierung	Einrichtung	Informationseingabe, -ausgabe	Art der EDV
I	Arbeitsvorbereitung	Zentral für mehrere Formereien	Mehrmals wöchentlich, (Wöchentlich, mehrmals täglich)	⨯	Gestützt	EDV	⨯	Integrierte Lösung
II	Arbeitsvorbereitung	Zentral für mehrere Formereien	Wöchentlich, (Mehrmals täglich)		Automatisch, (Gestützt)	EDV	Terminal, Formulare, (Liste)	Integrierte Lösung
III	Arbeitsvorbereitung (Betriebsleiter/Meister)	Zentral für mehrere Formereien	Mehrmals wöchentlich, (Einmal täglich)		Personelle Ausführung mit Hilfsmittein	Plantafel, -blatt	Liste, (Formulare)	
IV	Meister (Betriebsleiter, AV)	Zentral für mehrere Formereien	Einmal täglich, (Mehrmals wöchentlich)		Personelle Ausführung mit Hilfsmittein	Plantafel, -blatt, (Karrei, Kladde, Buch)	Formulare, (Handschriftliche Zettel)	
V	Arbeitsvorbereitung	Zentral für mehrere Formereien	Mehrmals wöchentlich, (Mehrmals täglich, wöchentlich)		Gestützt	EDV	Formulare	Integrierte Lösung
VI	Sonstige	Zentral für mehrere Formereien	Mehrmals wöchentlich, (Wöchentlich)		Gestützt	EDV	Formulare, Terminal, Liste	Integrierte Lösung

Abb. B-8: Fertigungsauftragsfreigabe.

Gestaltungsaspekt	Arbeitsteilung	Ablauforganisatorische Regelung				Hilfsmittel		
Funktionstyp	Funktionsausführung	Ort der Ausführung	Ausführungsfrequenz	Zeitraster der Planung	Automatisierung	Einrichtung	Informationseingabe, -ausgabe	Art der EDV
I	Meister, (AV/Meister)	Zentral für mehrere Formereien	Einmal täglich, (Wöchentlich)	1 Tag, (Eine Woche)	Personelle Ausführung mit Hilfsmitteln	Plantafel, -blatt	Liste	
II	Meister (Betriebsleiter/ Meister)	Zentral für mehrere Formereien	Mehrmals wöchentlich, (Einmal täglich)	1 Tag, halbe Woche, eine W., mehrere W.	Personelle Ausführung mit und ohne Hilfsmittel	(Plantafel, -blatt)	Formulare	
III	Meister	In der Formerei, (Zentral für mehrere Formereien)	Einmal täglich	1 Tag	Personelle Ausführung mit Hilfsmitteln	(Plantafel, -blatt)	Formulare, (Liste)	
IV	Meister	In der Formerei, (Zentral für mehrere Formereien)	Mehrmals täglich, (Einmal täglich)	Stunden, (1 Tag)	Personelle Ausführung mit Hilfsmitteln		Formulare, mündlich, (Handschriftliche Zettel)	
V	Arbeitsvorbereitung/Meister	Zentral für mehrere Formereien	Mehrmals täglich, (Einmal täglich)	1 Tag (Eine Woche)	Gestützt, (Personelle Ausführung mit Hilfsmitteln)	EDV	Terminal, (Formulare)	Integrierte Lösung
VI	Meister	In der Formerei	Mehrmals wöchentlich	Halbe woche	Personelle Ausführung mit Hilfsmitteln	(Plantafel, -blatt)	Liste Formulare	

Steuerungsfunktion "Arbeitsverteilung" - Zukunft

Abb. B-9:   Arbeitsbelegerstellung.

Gestaltungs-aspekt	Steuerungsfunktion "Bereitstellung Kerne" - Zukunft							
	Arbeitsteilung	Ablauforganisatorische Regelung			Hilfsmittel		
Funktions-typ	Funktions-ausführung	Ort der Ausführung	Ausführungs-frequenz	Zeitraster der Planung	Automati-sierung	Einrichtung	Informations-eingabe, -ausgabe	Art der EDV
I	Meister, (Former)	In der Formerei	Mehrmals täglich, (Mehrmals wöchentlich)		Personelle Ausführung ohne Hilfsmittel (P.A. mit H.)		Mündlich, (Liste)	
II	Former, (AV/Meister)	In der Formerei, (Zentral für mehrere Formereien)	Mehrmals, einmal täglich, mehrmals, einmal wöchentlich		Personelle Ausführung mit Hilfsmitteln	(Karrei, Kladde, Buch)	Formulare, (Mündlich, Liste)	
III	Meister, (Former)	Zentral für mehrere Formereien (In der Formerei)	Mehrmals täglich, (Einmal täglich)		Personelle Ausführung mit Hilfsmitteln		Formulare, Mündlich	
IV	Arbeitsvorberei-tung/ Meister	Zentral für mehrere Formereien, (In der Formerei)	Mehrmals täglich, (Mehrmals wöchentlich)		Gestützt	EDV	(Terminal, Liste, Formulare)	Integrierte Lösung
V	Meister, (AV/Meister)	Zentral für mehrere Formereien	Mehrmals wöchentlich, (Mehrmals täglich)		Personelle Ausführung mit Hilfsmitteln	Plantafel, -blatt, (Karrei, Kladde, Buch)	Liste, Mündlich	
VI	Meister	Zentral für mehrere Formereien	Mehrmals täglich, (Einmal täglich)		Personelle Ausführung mit Hilfsmitteln		(Liste)	

Abb. B-10: Arbeitsverteilung.

Steuerungsfunktion "Bereitstellung Modelle" - Zukunft

Gestaltungs-aspekt	Arbeitsteilung	Ablauforganisatorische Regelung			Hilfsmittel		
Funktionstyp	Funktionsausführung	Ort der Ausführung	Ausführungsfrequenz	Zeitraster der Planung	Automatisierung	Einrichtung	Informationseingabe, -ausgabe	Art der EDV
I	Former	In der Formerei	Wöchentlich	╳	Personelle Ausführung ohne Hilfsmittel	╳	Mündlich	╳
II	Meister	Zentral für mehrere Formereien, (In der Formerei)	Mehrmals täglich	╳	Personelle Ausführung mit Hilfsmitteln, (P.A. ohne H.)	(Plantafel, -blatt, Kartei, Kladde, Buch)	Mündlich, (Formulare, Handschriftliche Zettel)	╳
III	Arbeitsvorbereitung, (Meister, Modellbauer, Betriebsltr.)	Zentral für mehrere Formereien	Mehrmals wöchentlich	╳	Personelle Ausführung mit Hilfsmitteln, (Gestützt)	(EDV, Kartei, Kladde, Buch)	Formulare, (Liste, Mündlich)	╳
IV	Meister, (AV,Modellbauer)	Zentral für mehrere Formereien	Mehrmals täglich, (Einmal täglich)	╳	Gestützt	EDV	Terminal, (Liste)	Integrierte Lösung
V	Meister, (AV)	Zentral für mehrere Formereien, (In der Formerei)	Mehrmals täglich, (Mehrmals wöchentlich)	╳	Personelle Ausführung mit Hilfsmitteln	╳	Liste, Mündlich	╳
VI	Meister	Zentral für mehrere Formereien	Einmal täglich	╳	Personelle Ausführung mit Hilfsmitteln	Plantafel, -blatt	Liste	╳

Abb. B-11: Bereitstellung Kerne.

Gestaltungs-aspekt	Arbeitsteilung	Steuerungsfunktion "Bereitstellung Schmelze" - Zukunft					Hilfsmittel	
		Ablauforganisatorische Regelung						
Funktionstyp	Funktions-ausführung	Ort der Ausführung	Ausführungs-frequenz	Zeitraster der Planung	Automati-sierung	Einrichtung	Informations-eingabe, -ausgabe	Art der EDV
I	Meister, (Gießer)	Zentral für mehrere Formereien	Einmal täglich, (Mehrmals täglich, mehrmals wöchentlich, wöchentlich)		Personelle Ausführung mit Hilfsmitteln		Mündlich, (Liste)	
II	Meister (2), (Arbeitsvorberei-tung/Meister)	Zentral für mehrere Formereien (In der Formerei)	Einmal täglich, (Mehrmals wöchentlich)		Personelle Ausführung mit Hilfsmitteln		Liste, (Formulare, Mündlich)	
III	Meister, (Betriebsleiter)	Zentral für mehrere Formereien (In der Formerei)	Mehrmals täglich		Personelle Ausführung mit Hilfsmitteln		Formulare, (Mündlich)	
IV	Meister, (AV/Meister)	Zentral für mehrere Formereien	Mehrmals täglich, (Einmal täglich)		Gestützt, (Automatisiert)	EDV	Formulare, (Terminal)	Integrierte Lösung
V	Meister, (AV)	Zentral für mehrere Formereien (In der Formerei)	Mehrmals täglich, (Mehrmals wöchentlich)		Personelle Ausführung ohne Hilfsmittel		Mündlich	
VI	Meister	Zentral für mehrere Formereien	Mehrmals täglich		Personelle Ausführung mit Hilfsmitteln	Plantafel, -blatt	Liste	

Abb. B-12: Bereitstellung Schmelze.

Abb. B-13: Bereitstellung Modelle.

Steuerungsfunktion "Losssplittung" - Zukunft

Gestaltungs-aspekt	Arbeitsteilung	Ablauforganisatorische Regelung			Hilfsmittel		
Funktionstyp	Funktions-ausführung	Ort der Ausführung	Ausführungs-frequenz	Zeitraster der Planung	Automati-sierung	Einrichtung	Informations-eingabe, -ausgabe	Art der EDV
I								
II	Betriebsleiter/ Meister (AV/Meister)				Personelle Ausführung mit Hilfsmitteln		Mündlich, Liste	
III	Meister				Personelle Ausführung mit Hilfsmitteln		Mündlich, Liste	
IV	Meister/Betriebs-leiter, (AV/Meister)				Personelle Ausführung ohne Hilfsmittel		Mündlich	
V	Meister, (AV)				Personelle Ausführung mit Hilfsmitteln	Plantafel, -blatt	Liste	
VI	Arbeitsvorberei-tung, (Betriebsleiter)				Gestützt, (Personelle Aus-führung mit Hilfsmitteln)	EDV	Terminal, Formulare	Integrierte Lösung

Abb. B-14: Lossplittung.

B-15

Gestaltungsaspekt	Arbeitsteilung	Ablauforganisatorische Regelung			Hilfsmittel		
Funktionstyp	Funktionsausführung	Ort der Ausführung	Ausführungsfrequenz	Zeitraster der Planung	Automatisierung	Einrichtung	Informationseingabe, -ausgabe	Art der EDV
I	Former, (Meister)	In der Formerei	Mehrmals täglich, (Einmal täglich)		Gestützt, (Automatisiert)	EDV	Terminal, (Liste, Formulare, Handschriftliche Zettel)	Integrierte Lösung
II	Meister, (Former)	Zentral für mehrere Formereien, (In der Formerei)						
III			Mehrmals täglich, (Mehrmals wöchentlich)		Personelle Ausführung mit Hilfsmitteln, (P.A. ohne H.)	(Plantafel, Kartei, Kladde, Buch)	Liste, (Formulare, Mündlich)	Integrierte Lösung
IV	Meister, (Meister/AV)	Zentral für mehrere Formereien	Mehrmals täglich, (Mehrmals wöchentlich)		Gestützt	EDV, (Plantafel, -blatt)	Terminal, Liste	Integrierte Lösung
V	Meister/AV, (Vorarbeiter/AV)	Zentral für mehrere Formereien	Einmal täglich, (Mehrmals täglich)		Gestützt	EDV	Terminal, Formulare, (Liste)	Integrierte Lösung
VI	Meister, (AV)	Zentral für mehrere Formereien	Einmal täglich		Personelle Ausführung mit Hilfsmitteln	EDV	Terminal, Mündlich, (Liste)	Integrierte Lösung

Steuerungsfunktion "Auftragsfortschrittserfassung" - Zukunft

<u>Abb. B-15</u>: Auftragsfortschrittserfassung.

Abb. B-16: Auftragsfortschrittsüberwachung.

Anhang C

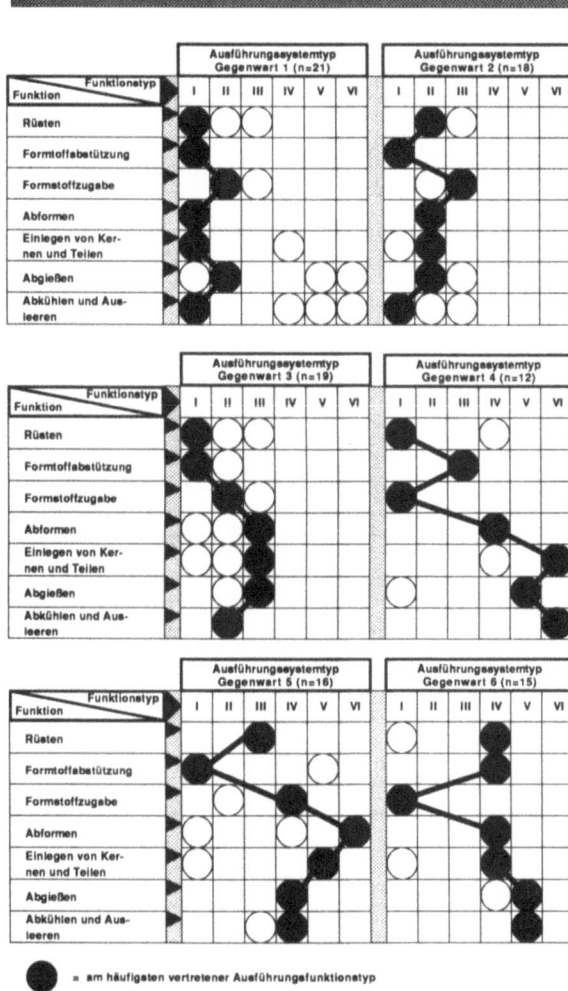

Abb. C-1: Profile der Ausführungssystemtypen - Gegenwart.

Ausführungssystemfunktion "Rüsten" - Gegenwart

Gestaltungsaspekt / Funktionstyp	Arbeitsteilung			Ablauforganisatorische Regelung				Hilfsmittel	Entfallende Teilfunktionen
	Funktionsveranlassung	Funktionsüberwachung	Funktionsausführung	Ort der Ausführung	Ausführungsfrequenz der Funktionen	Taktbindung	Automatisierung	Technische Hilfsmittel	
I	Auf Anweisung	Meister	Gruppenarbeit	Formerei	Mehrmals täglich	Entfällt	Manuell	Kran	d
II	Auf Anweisung	Meister	Einzelarbeit	Formerei	Mehrmals täglich	Entfällt	Manuell		b, c, d
III	Auf Anweisung	Meister	Einzelarbeit	Zentral	Mehrmals täglich	Entfällt	Mechanisch unterstützt	Kran	c, d
IV	Auf Anweisung und ereignisorientiert	Entfällt	Gruppenarbeit	Formerei	Mehrmals täglich	Entfällt	Mechanisch unterstützt	Stapler	d
V	Auf Anweisung	Meister	Einzelarbeit	Zentral	Mehrmals täglich	Entfällt	Mechanisch unterstützt	Kran	c, d
VI	Auf Anweisung und ereignisorientiert	Entfällt	Gruppenarbeit	Formerei	Mehrmals täglich	Entfällt	Mechanisch unterstützt	Stapler	d

Entfallende Teilfunktionen:
- a: Abformwerkzeuge, Plattenträger, Modell, ...) bereitstellen
- b: Abformwerkzeuge aufrüsten
- c: Maschinenparameter einstellen
- d: Abformwerkzeuge aufheizen
- e: Abformwerkzeuge abrüsten
- f: Abformwerkzeuge abtransportieren

Abb. C-2:   Rüsten.

C-3

Ausführungssystemfunktion "Formstoffabstützung" - Gegenwart

Gestaltungsaspekt	Arbeitsteilung	Ablauforganisatorische Regelung				Hilfsmittel		Entfallende Teilfunktionen		
Funktionstyp	Funktionsveranlassung	Funktionsüberwachung	Funktionsausführung	Ort der Ausführung	Ausführungsfrequenz der Funktionen	Taktbindung	Automatisierung	Hilfsmittel	Formstoffabstützung bereitstellen [a]	Formstoffabstützung zuführen [b]	Transport zum nächsten Prozeßschritt [c]
I	Selbstbestimmt	Meister	Gruppenarbeit	Formerei	Mehrmals täglich	Entfällt	Mechanisch unterstützt	Ja	Kasten-gebunden	Technische Hilfsmittel	c
II	Selbstbestimmt	Entfällt	Gruppenarbeit	Formerei	Mehrmals tägl. bis mehrmals wöchentlich	Entfällt	Manuell	Ja	Kran, Rollenbahn	c
III	Entfällt	Entfällt	Entfällt	Entfällt	Entfällt	Entfällt	Entfällt	Nein	Entfällt	
IV	In festgelegten Zyklen	Former	Gruppenarbeit	Formerei	Mehrmals täglich	Ja	Automatisiert	Ja	Förderband	a, b, c
V	Selbstbestimmt	Entfällt	Einzelarbeit	Formerei	Mehrmals täglich	Entfällt	Mechanisch unterstützt	Ja	Kran, Rollenbahn	c
VI										

Abb. C-3: Formstoffabstützung.

C-4

Gestaltungsaspekt	Ausführungssystemfunktion "Formstoffzugabe" - Gegenwart							
	Arbeitsteilung			Ablauforganisatorische Regelung			Entfallende Teilfunktionen	
Funktionstyp	Funktionsveranlassung	Funktionsüberwachung	Funktionsausführung	Ort der Ausführung	Ausführungsfrequenz der Funktionen	Taktbindung	Automatisierung	
								Formstoff bereitstellen a
								Trennmittel auftragen b
								Modellsand aufbringen c
								Füllsand aufbringen d
								Abdecken e
								Transport zum nächsten Prozeßschritt f
I	In festgelegten Zyklen	Former	Entfällt	Formerei	Mehrmals täglich	Ja	Automatisiert	d, e, f
II	Selbstbestimmt	Meister	Gruppenarbeit	Formerei	Mehrmals täglich	Entfällt	Mechanisch unterstützt	d, e, f
III	Selbstbestimmt	Meister	Einzelarbeit	Formerei	Mehrmals täglich	Entfällt	Manuell, teilweise mechanisch unterstützt	e, f
IV	Selbstbestimmt	Entfällt	Gruppenarbeit	Formerei	Mehrmals täglich	Entfällt	Mechanisch unterstützt	d, e
V								
VI								

Abb. C-4: Formstoffzugabe I.

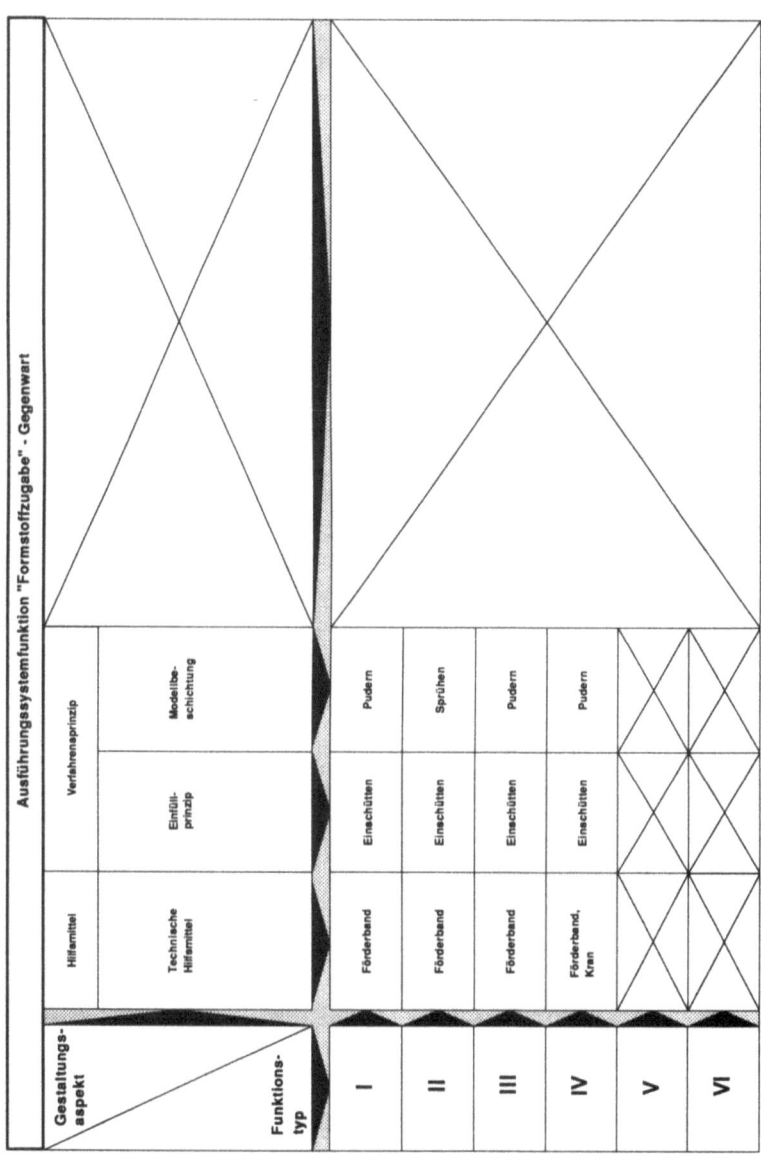

Abb. C-5: Formstoffzugabe II.

Gestaltungsaspekt	Arbeitsteilung			Ablauforganisatorische Regelung				Entfallende Teilfunktionen					
	Funktionsveranlassung	Funktionsüberwachung	Funktionsausführung	Ort der Ausführung	Ausführungsfrequenz der Funktionen	Taktbindung	Automatisierung	Formstoffhauptverdichtung a	Abformwerkzeug und Form trennen b	Eingußtrichter und Gußtümpel einformen c	Luft stechen d	Form wenden e / Form anschneiden f / Form kontrollieren g / Form flicken h / Formüberzugsstoffe i / Transport zum nächsten Prozeßschritt j	
Funktionstyp													
I	In festgelegten Zyklen	Entfällt	Former	In der Formerei	Mehrmals täglich	Nein	Mechanisiert, manuelle Kontrolle					c, d, f, h, i	
II	Selbstbestimmt	Meister	Former	In der Formerei	Mehrmals täglich	Nein	Meist manuell, teilweise mechanisch unterstützt					j	
III	Selbstbestimmt	Meister	Former	In der Formerei	Mehrmals täglich	Nein	Manuell					d, e, f, i, j	
IV	In festgelegten Zyklen	Teilweise mehrere Former	Entfällt	In der Formerei	Mehrmals täglich	Ja	Automatisiert, manuelle Kontrolle					d, e, f, h, i, j	
V	Selbstbestimmt	Entfällt	Gruppenarbeit bei a	In der Formerei	Mehrmals täglich	Ja	Automatisiert, manuelle Kontrolle					d, f, h, i	
VI	Selbstbestimmt	Meister bei a	Gruppenarbeit	In der Formerei	Mehrmals täglich	Nein	Manuell, teilweise mechanisch unterstützt						

Ausführungssystemfunktion "Abformen" - Gegenwart

Abb. C-6: Abformen I.

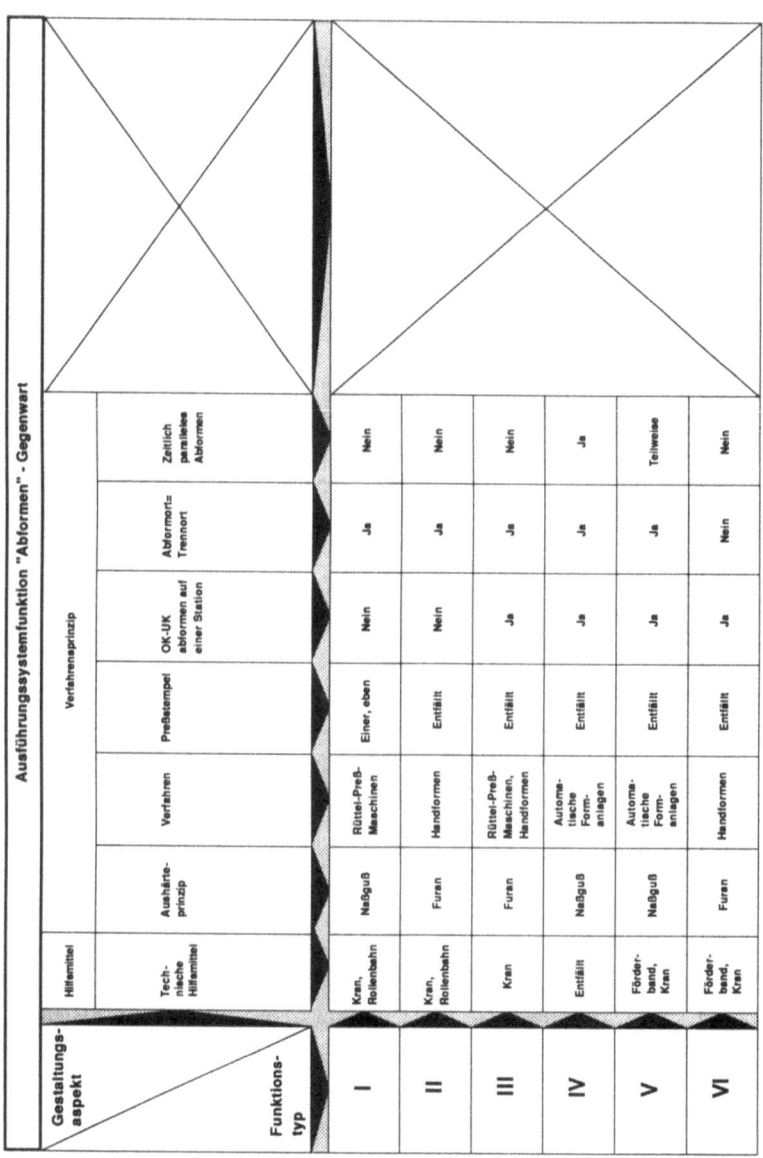

Abb. C-7: Abformen II.

Ausführungssystemfunktion "Einlegen von Kernen und Teilen" - Gegenwart

Gestaltungs-aspekt → / Funktionstyp ↓	Arbeitsteilung: Funktions-veranlassung	Arbeitsteilung: Funktions-überwachung	Arbeitsteilung: Funktions-ausführung	Ablauforganisatorische Regelung: Ort der Ausführung	Ablauforganisatorische Regelung: Ausführungs-frequenz der Funktionen	Ablauforganisatorische Regelung: Takt-bindung	Automatisierung	Hilfs-mittel	Verfahrens-prinzip	Entfallende Teilfunktionen
								Technische Hilfsmittel	Ballen-zahl je Gußballen	Ballen zusammen-menhalten
I	In festgelegten Zyklen	Entfällt	Einzelarbeit	Formerei	Mehrmals täglich	Selten	Manuell, teilweise mechanisch unterstützt	Karre, Rollenbahn	Zwei Klammer	c, d
II	Selbstbestimmt	Meister	Gruppenarbeit	Formerei	Mehrmals täglich	Nein	Manuell, teilweise mechanisch unterstützt	Kran	Zwei Beschwereisen	
III	Selbstbestimmt	Meister	Überwiegend Einzelarbeit	Entfällt	Mehrmals täglich	Nein	Mechanisch unterstützt	Kran, Rollenbahn	Zwei Klammer	b, c, h
IV	In festgelegten Zyklen	Meister	Gruppenarbeit	Formerei	Mehrmals täglich	Teilweise taktvorgebend	Manuell, teilweise automatisiert	Stapler, Rollenbahn, Karre	Zwei Eigengewicht	b, c
V	Selbstbestimmt	Entfällt	Einzelarbeit	Formerei	Mehrmals täglich	Nein	Mechanisch unterstützt	Kran	Mehrere Beschwereisen	c
VI	In festgelegten Zyklen	Former	Einzelarbeit	Formerei	Mehrmals täglich	Teilweise taktvorgebend	Mechanisch unterstützt, teilweise automatisiert	Contain., Karre, Förderband	Zwei Pressen	b, c, f

Legende Entfallende Teilfunktionen:
a Bereitstellen von Kernen und Teilen
b Kernstützen setzen
c Kernpaketen montieren
d Kern-, -pakete einlegen
e Gußtechnologische Teile einlegen
f Form reinigen
g Form zulegen
h Transport zum nächsten Prozeßschritt

<u>Abb. C-8:</u>   Einlegen von Kernen und Teilen.

C-9

Ausführungssystemfunktion "Abgießen" - Gegenwart

Gestaltungs-aspekt	Arbeitsteilung			Ablauforganisatorische Regelung				Entfallende Teilfunktionen		
Funktionstyp	Funktions-veranlassung	Funktions-überwachung	Funktions-ausführung	Ort der Ausführung	Ausführungs-frequenz der Funktionen	Takt-bindung	Automatisierung	Schmelze bereitstellen (a)	Abgießen (b)	Transport zum nächsten Prozeßschritt (c)
I	In festgelegten Zyklen	Meister	Gruppenarbeit	Formerei	Mehrmals täglich	Taktvor-gebend	Mechanisch unterstützt, teilweise mechanisiert			
II	Auf Anweisung	Meister	Gruppenarbeit	Zentral	Mehrmals täglich	Nein	Mechanisch unterstützt		c	
III	Auf Anweisung	Meister	Gruppenarbeit	Teilweise zentral	Mehrmals wöchentlich	Nein	Mechanisch unterstützt		c	
IV	Selbstbestimmt	Entfällt	Einzelarbeit	Zentral	Mehrmals täglich	Nein	Mechanisch unterstützt			
V	In festgelegten Zyklen	Teilweise Meister	Einzelarbeit	Formerei	Mehrmals täglich	Taktvor-gebend	Mechanisch unterstützt, teilweise automatisiert			
VI	In festgelegten Zyklen	Vorarbeiter	Gruppenarbeit	Zentral	Mehrmals täglich	Nein	Mechanisiert			

Abb. C-9: Abgießen I.

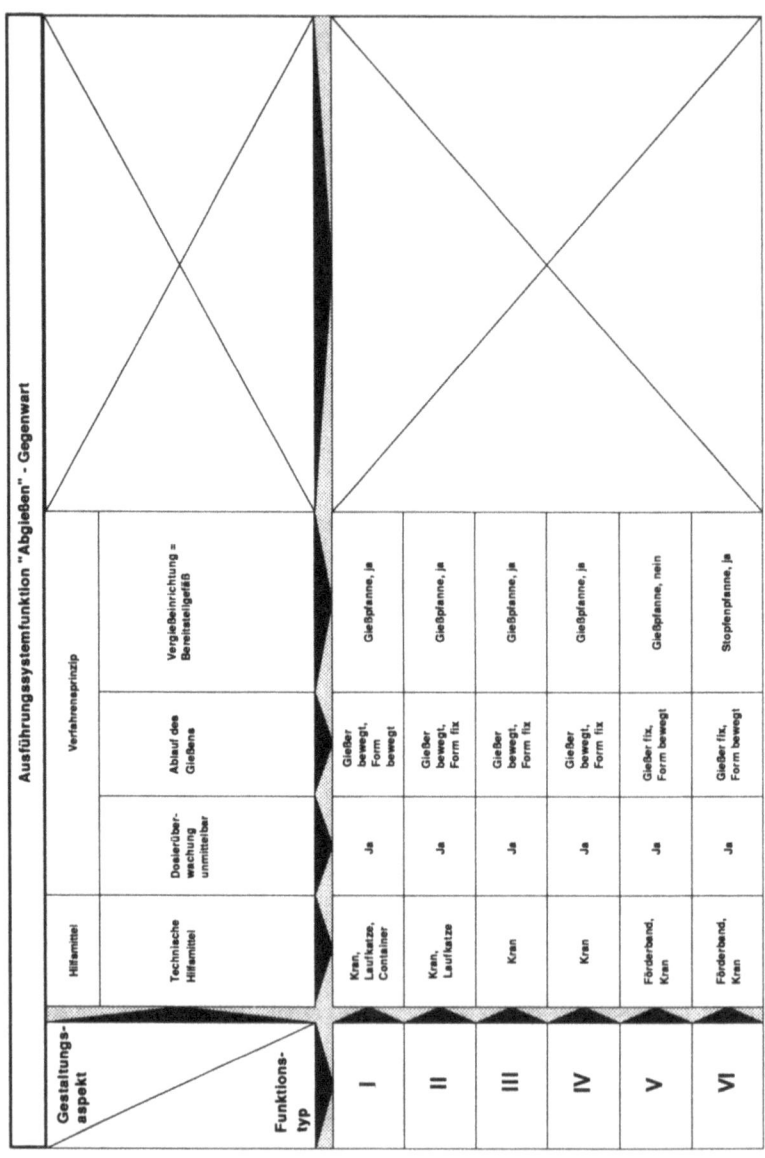

Abb. C-10: Abgießen II.

C-11

Gestaltungs-aspekt	Arbeitsteilung			Ablauforganisatorische Regelung			Hilfsmittel	Verfahrensprinzip	Entfallende Teilfunktionen							
	Funktions-veranlassung	Funktions-überwachung	Funktions-ausführung	Ort der Ausführung	Ausführungs-frequenz der Funktionen	Takt-bindung	Automatisierung		Abkühlen a	Trennung Formkästen - Formballen b	Trennung Formballen - Gußstück c	Entnahme des Gußstückes d	Sortierung der Gußstücke e	Abtransport der Formkästen f	Abtransport des Sandes g	Abtransport der Gußstücke h
Funktions-typ								Kühlart	Kühlart							
I	In festgelegten Zyklen	Meister	Gruppenarbeit	Formerei	Mehrmals täglich	Nein	Mechanisch unterstützt, teilweise automatisiert	Rollenbahn Sandrampe Rüttelvorr., Kran, Stapl., Container	Natürliche Konvektion	Am Vergießort						
II	Selbstbestimmt	Entfällt	Gruppenarbeit	Formerei	Mehrmals wöchentlich	Nein	Mechanisiert	Kran, Stapler, Förder-band	Natürliche Konvektion	Am Vergießort					e	
III	Selbstbestimmt	Meister	Gruppenarbeit	Zentral	Mehrmals täglich	Nein	Mechanisch unterstützt	Kran, Förder-band	Natürliche Konvektion	Am Vergießort					e	
IV	Auf Anweisung	Entfällt	Gruppenarbeit	Formerei	Mehrmals täglich	Nein	Mechanisch unterstützt	Kran, Förder-band	Natürliche Konvektion	Am Vergießort					e	
V	In festgelegten Zyklen	Meister	Teilweise Gruppenarbeit	Formerei	Mehrmals täglich	Ja	Überwiegend automatisiert, teilweise manuell	Ausdrück-, Rüttelvorr., Förderbd., Stapler	Natürliche Konvektion	Beim Transport						
VI	In festgelegten Zyklen	Meister	Gruppenarbeit	Formerei	Mehrmals täglich	Ja	Überwiegend automatisiert, teilweise manuell	Förder-band, Stapler	Natürliche Konvektion	Am Vergießort						b, f

Ausführungssystemfunktion "Abkühlen und Ausleeren" - Gegenwart

Abb. C-11: Abkühlen und Ausleeren.

Anhang D

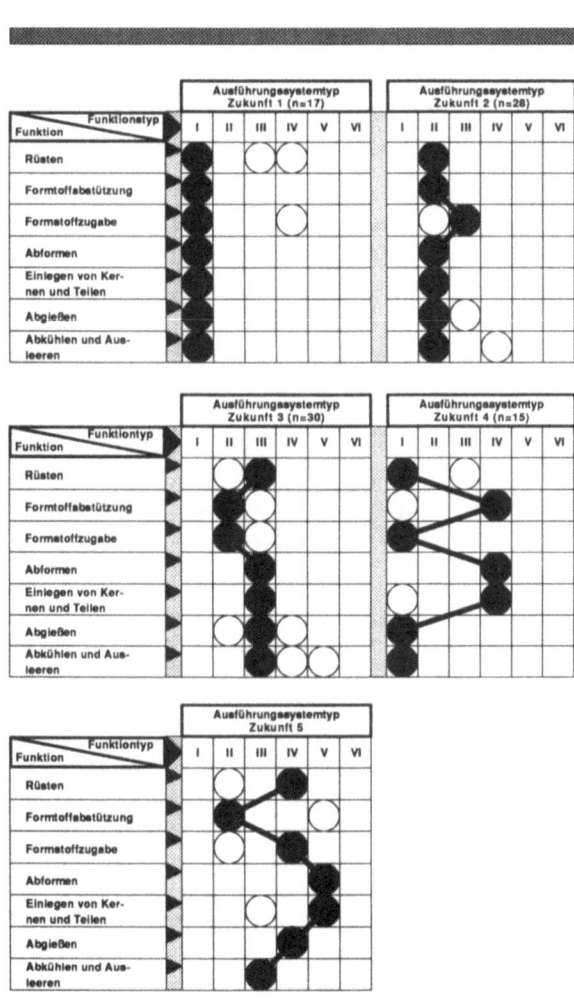

Abb. D-1: Profile der Ausführungssystemtypen - Zukunft.

D-2

Gestaltungs-aspekt → / Funktionstyp ↓	Ausführungssystemfunktion "Rüsten" - Zukunft							Entfallende Teilfunktionen
	Arbeitsteilung		Ablauforganisatorische Regelung				Hilfsmittel	
	Funktions-veranlassung	Funktions-überwachung	Funktions-ausführung	Ort der Ausführung	Ausführungs-frequenz der Funktionen	Takt-bindung	Automatisierung	
I	Auf Anweisung	Meister	k (b)	g, g/g (b,g)	Formerei	Mehrmals täglich	Entfällt / 2 (1) / 2 (1)	Kran	Abformwerkzeuge, Plattentri- ger, Modell, ...) bereitsstellt. = a Abformwerkzeuge aufrüsten = b
II	Selbstbestimmt	Meister	k (g)	g/g (g)	Teilweise zentral	Mehrmals täglich	Entfällt / 2 (1) / 2,1	Kran	Maschinenparameter einstellen = c Abformwerkzeuge aufheizen = d
III	Auf Anweisung und selbstbestimmt	Teilweise Meister	b,g,k, i	g (g/g)	Teilweise zentral	Mehrmals täglich	Entfällt / 1,2 / 1	Karre	Abformwerkzeuge abrüsten = e d
IV	Auf Anweisung	Entfällt	i (k,b)	g/g (b)	Formerei	Mehrmals täglich	Entfällt / 3 / 2 (1)	Stapler	Abformwerkzeuge abtransportieren = f c, d
V									
VI									

Abb. D-2: Rüsten.

D-3

Ausführungssystemfunktion "Formstoffabstützung" - Zukunft

Gestaltungs-aspekt	Arbeitsteilung		Ablauforganisatorische Regelung				Hilfsmittel	Verfahrensprinzip	Entallende Teilfunktionen		
Funktionstyp	Funktionsveranlassung	Funktionsüberwachung	Funktionsausführung	Ort der Ausführung	Ausführungsfrequenz der Funktionen	Taktbindung	Automatisierung			Formstoffabstützung bereitstellen = a	Formstoffabstützung zuführen = b	Transport zum nächsten Prozeßschritt = c
I	In festgelegten Zyklen	Former (Former/Meister)	0 K.Abtr.	0	Formerei	Mehrmals täglich	Ja	4	4	Förderband	Ja	c
II	Selbstbestimmt	Teilweise Meister	g/g (j/j) K.Abtr.	g/g. g	Formerei	Mehrmals täglich	Entfällt	2 (1)	2	Kran	Ja	c
III	Selbstbestimmt	Entfällt	g/g K.Abtr.	o,g (g/g)	Formerei	Mehrmals täglich bis mehrmals wöchentlich	Entfällt	1	1 (2)	Rollenbahn	Ja	c
IV	Entfällt	Entfällt	0	0	Entfällt	Entfällt	Entfällt	0	0	Nein	Nein	
V	Selbstbestimmt	Entfällt	j/j	g/g. b	Formerei	Mehrmals täglich	Entfällt	2	2	Kran, Rollenbahn	Ja	a, b, c
VI			g/g									

Abb. D-3: Formstoffabstützung.

D-4

Ausführungssystemfunktion "Formstoffzugabe" - Zukunft

Gestaltungsaspekt	Arbeitsteilung			Ablauforganisatorische Regelung			Automatisierung	Entfallende Teilfunktionen
Funktionstyp	Funktionsveranlassung	Funktionsüberwachung	Funktionsausführung	Ort der Ausführung	Ausführungsfrequenz der Funktionen	Taktbindung		Formstoff bereitstellen = a / Trennmittel auftragen = b / Modellsand aufbringen = c / Füllsand aufbringen = d / Abdecken = e / Transport zum nächsten Prozeßschritt = f
I	Ereignisorientiert und in festgelegten Zyklen	Former Meister	o K.Abstr.	Formerei	Mehrmals täglich	Ja	4 (3) / 4 (3)	d, e, f
II	Selbstbestimmt	Meister (entfällt teilweise)	o/g K.Abstr. (g/g)	Formerei	Mehrmals täglich	Entfällt	3 (2,4) / 3 (2)	d, e, f
III	Selbstbestimmt	Meister	g K.Abstr. (g/g)	Formerei	Mehrmals täglich	Entfällt	3,2 / 1 (2)	•
IV	Überwiegend in festgelegten Zyklen, sonst ereignisorient.	Former (entfällt teilweise)	o g	Formerei	Mehrmals täglich	Entfällt	3 (4,2) / 2 (1,4)	d, e
V								
VI								

Abb. D-4: Formstoffzugabe I.

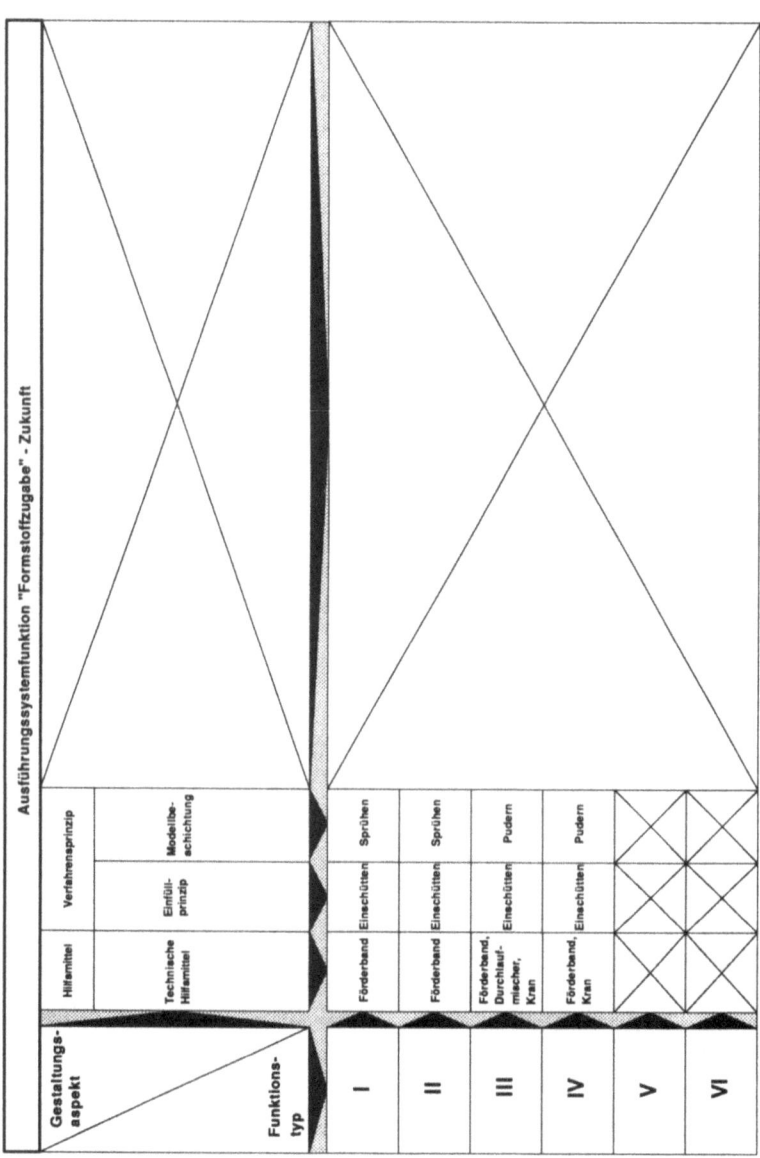

Abb. D-5: Formstoffzugabe II.

Gestaltungs-aspekt	Arbeitsteilung			Ablauforganisatorische Regelung			Automatisierung		Entfallende Teilfunktionen	
Funktionstyp	Funktions-veranlassung	Funktions-überwachung	Funktions-ausführung	Ort der Ausführung	Ausführungs-frequenz der Funktionen	Takt-bindung			Formstoffhauptverdichtung = b Abformwerkzeug und = a Form trennen EinguBtrichter und = c Luft stechen GuBtümpel einformen = d Form wenden = e Form anschneiden = f Form kontrollieren = g Form flicken = h Formüberzugstoffe = i auftragen Transport zum nächsten = j ProzeBschritt	
I	In festgelegten Zyklen	Former und Meister	-	0	Formerei	Mehrmals täglich	Ja	4	4	f, h, i
II	Selbstbestimmt	Meister	K.Abstr.	g/g (g)	Formerei	Mehrmals täglich	Nein	0 (2)	1 (2)	c, d, f, h, i
III	In festgelegten Zyklen	Entfällt (teilweise Meister)	g (i,g/g)	g	Formerei	Mehrmals täglich	Nein	2 (1)	3 1	
IV	In festgelegten Zyklen	Former FSTHV	0	0	Formerei	Mehrmals täglich	Ja	4 (2)	4	c, d, e, f, h, i
V	Selbstbestimmt	Former FSTHV entfällt	i,m	i, i/i ohne FSTHV	Formerei	Mehrmals täglich	Nein	2	3 1	
VI										

Ausführungssystemfunktion "Abformen" - Zukunft

Abb. D-6: Abformen I.

Gestaltungs-aspekt	Ausführungssystemfunktion "Abformen" - Zukunft							
	Hilfsmittel	Verfahrensprinzip					
	Technische Hilfsmittel	Aushärte-prinzip	Verfahren	Preßstempel	OK-UK abformen auf einer Station	Abformort= Trennort	Zeitlich parallele Abformen
Funktions-typ							
I	Fräs-, Wende-vorrichtung, Rollenbahn, Plattenförder.	Naßguß	Automa-tische Formanlagen	Selbstan-passend	Ja	Ja	Nein
II	Entfällt	Furan	Handformen	Entfällt	Ja	Ja	Nein
III	Kran	Naßguß	Rüttel-Preß-Maschinen	Eben	Ja	Ja	Teilweise
IV	Förderband, Rollenbahn	Naßguß	Automa-tische Formanlagen	Entfällt	Ja	Ja	Ja
V	Stecheisen, Bohrmaschi-ne, Kran	Furan	Handformen	Entfällt	Ja	Nein	Nein
VI							

Abb. D-7: Abformen II.

D-8

Gestaltungs-aspekt → Funktionstyp ↓	Arbeitsteilung			Ablauforganisatorische Regelung				Hilfsmittel	Verfahrensprinzip	Entfallende Teilfunktionen
	Funktionsveranlassung	Funktionsüberwachung	Funktionsausführung	Ort der Ausführung	Ausführungsfrequenz der Funktionen	Taktbindung	Automatisierung	Technische Hilfsmittel		Bereitstellen von Kernen und Teilen = a; Kernstützen setzen = b; Kernpaketen montieren = c; Kern-„pakete" einlegen = d; Gußtechnologische Teile einlegen = e; Form reinigen = f; Form zulegen = g; Transport zum nächsten Prozeßschritt = h
I	In festgelegten Zyklen	Meister	–	i/i	Formerei	Mehrmals täglich	Ja	2 — 4	Kran, Förderband	Ballen zahl je Gußteil	c
II	Selbstbestimmt	Meister	o	g/g (g)	Formerei	Mehrmals täglich	Nein	2 — 1 (4)	Kran, Förderband	Ballen zusammenhalten	
III	In festgelegten Zyklen	Entfällt	g K.Abstr.	g (i)	Formerei	Mehrmals täglich	Nein	2 — 1 (2)	Kran, Preßluft	Zwei Beschwereisen	b, c
IV	In festgelegten Zyklen	Meister oder Former (Abtr.)	g	g.i	Formerei	Mehrmals täglich	Taktvorgebend	2 (1) — 1 (2)	Karre, Förderband	Zwei Klammer	b, c, f
V	Selbstbestimmt	Entfällt	f,j	– (i/i)	Formerei	Mehrmals täglich	Nein	2 — 4 (2/3)	Stapler	Zwei Pressen	
VI			c –					2 (1)	Kran	Zwei Beschwereisen	

Abb. D-8: Einlegen von Kernen und Teilen.

D-9

Gestaltungs-aspekt	Arbeitsteilung		Ausführungssystemfunktion "Abgießen" - Zukunft				Entfallende Teilfunktionen
			Ablauforganisatorische Regelung				
Funktionstyp	Funktions-veranlassung	Funktions-überwachung	Funktions-ausführung	Ort der Ausführung	Ausführungs-frequenz der Funktionen	Takt-bindung	Automatisierung	Schmelze bereitstellen = a Abgießen = b Transport zum nächsten Prozeßschritt = c
I	In festgelegten Zyklen	Meister (Gießer)	h e	Formerei	Mehrmals täglich	Ja	3,2 / 4	3 (2,4)
II	Auf Anweisung	Meister (Betriebsltr.)	h/h K.Abstr.	Zentral	Mehrmals täglich	Nein	2	2
III	Selbstbestimmt, teilweise auf Anweisung	Meister	g/g,h K.Abstr.	Teilweise zentral	Mehrmals wöchentlich	Nein	2 (3)	2	c
IV	Auf Anweisung, teilweise ereignis-orientiert	Entfällt	h j	Formerei	Mehrmals täglich	Nein	2	2	c
V	In festgelegten Zyklen	Meister	h j	Zentral	Mehrmals täglich	Nein	2	2
VI								

Abb. D-9: Abgießen I.

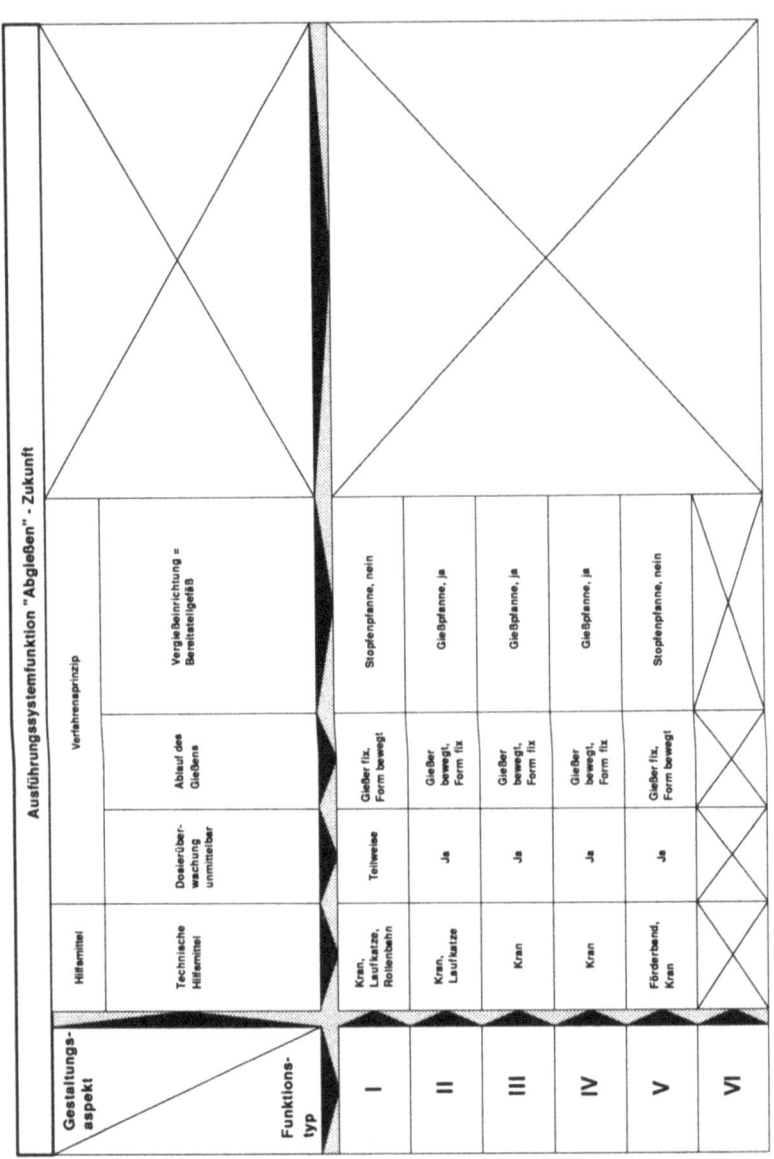

Abb. D-10: Abgießen II.

Ausführungssystemfunktion "Abkühlen und Ausleeren" - Zukunft														
Gestaltungsaspekt / Funktionstyp	Arbeitsteilung				Ablauforganisatorische Regelung					Hilfsmittel	Verfahrensprinzip		Entfallende Teilfunktionen
	Funktionsveranlassung	Funktionsüberwachung	Funktionsausführung		Ort der Ausführung	Ausführungsfrequenz der Funktionen	Taktbindung	Automatisierung		Technische Hilfsmittel	Kühlart	Kühlort	Abkühlen = a Trennung Formkästen - Formballen = b Trennung Formballen - Gußstück = c Entnahme des Gußstückes = d Sortierung der Gußstücke = e Abtransport der Formkäst. = f Abtransport des Sandes = g Abtransport der Gußstücke = h
I	In festgelegten Zyklen	Meister (teilweise)		j/j	Formerei	Mehrmals täglich	Ja	4 (2)	4 (1)	Rollenb., Ausdrück-, Rüttelvorr., Förderbd., Stapler	Natürliche Konvektion	Beim Transport	
II	In festgelegten Zyklen	Meister	 I	j/j (n/m)	Zentral	Mehrmals täglich	Nein	 2	2 (1,3)	Sandrampe, Kran, Rüttelvorr., Förderbd.	Natürliche Konvektion	Am Vergießort	e
III	Selbstbestimmt	Entfällt	 I	j/j	Formerei	Mehrmals täglich	Nein	 3 (4)	2	Kran, Förderband	Natürliche Konvektion	Am Vergießort	e
IV	Selbstbestimmt	Meister (teilweise)	 I (g/g)	g/g	Formerei	Mehrmals wöchentlich	Nein	2	2 (1)	Kran, Förderband	Natürliche Konvektion	Am Vergießort	e, f
V	In festgelegten Zyklen	Meister	 I (j/j)	j/j	Teilweise zentral	Mehrmals täglich, teilweise mehrmals wöchentlich	Nein	 4 (2)	2 (1)	Kran, Rüttelvorr., Förderbd., Stapler	Natürliche Konvektion	Am Vergießort	
VI													

Abb. D-11: Abkühlen und Ausleeren.

Im Gegensatz zur Darstellung der Ausführungsfunktionstypen - Gegenwart, werden zur detaillierteren Beschreibung der organisatorischen Gestaltung hier beim Gestaltungsmerkmal "Ausführung" und "Automatisierung" Kodierungen entsprechend Anhang A eingeführt (Abbildung D-12).

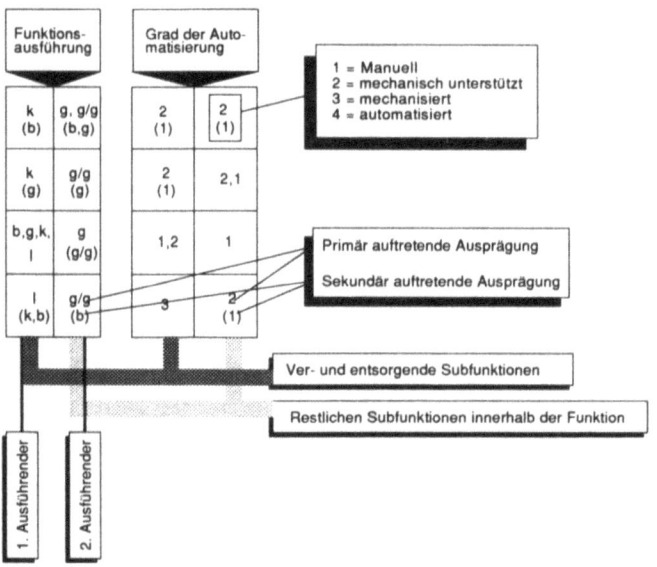

Abb-D-12: Kodierungen bei den Gestaltungsmerkmalen "Ausführung" und "Automatisierung".

Anhang E

E-1

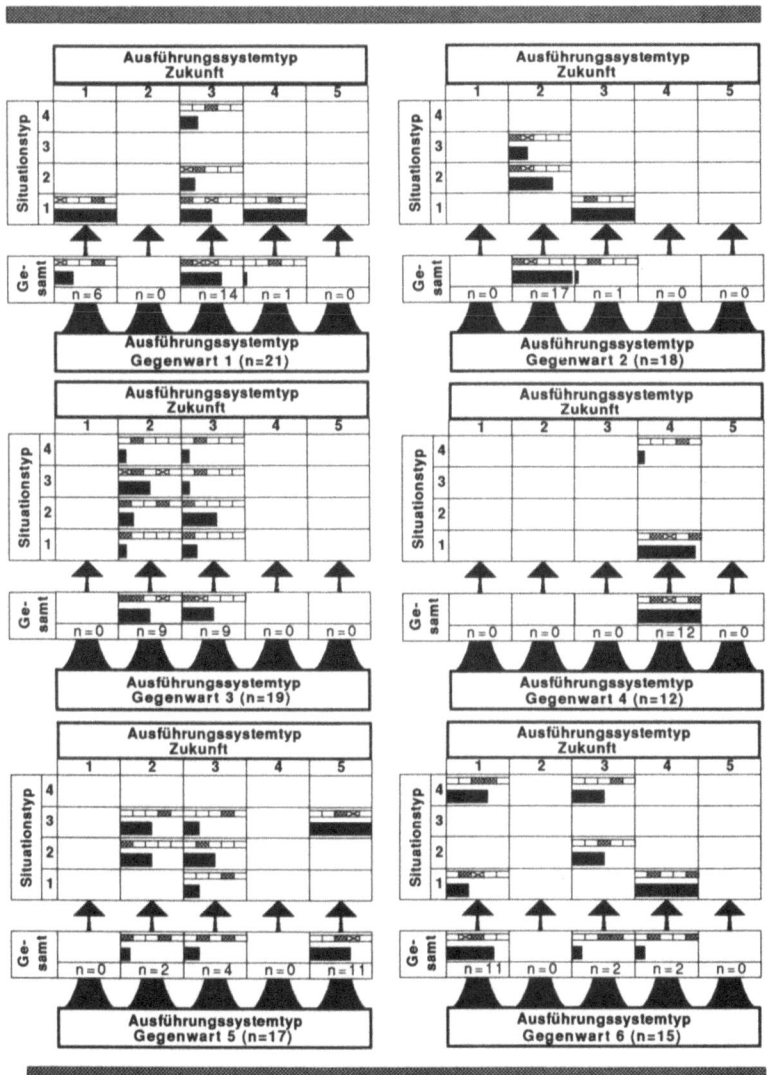

Abb. E-1: Übergänge AFSG nach AFSZ.

Anhang F

F-1

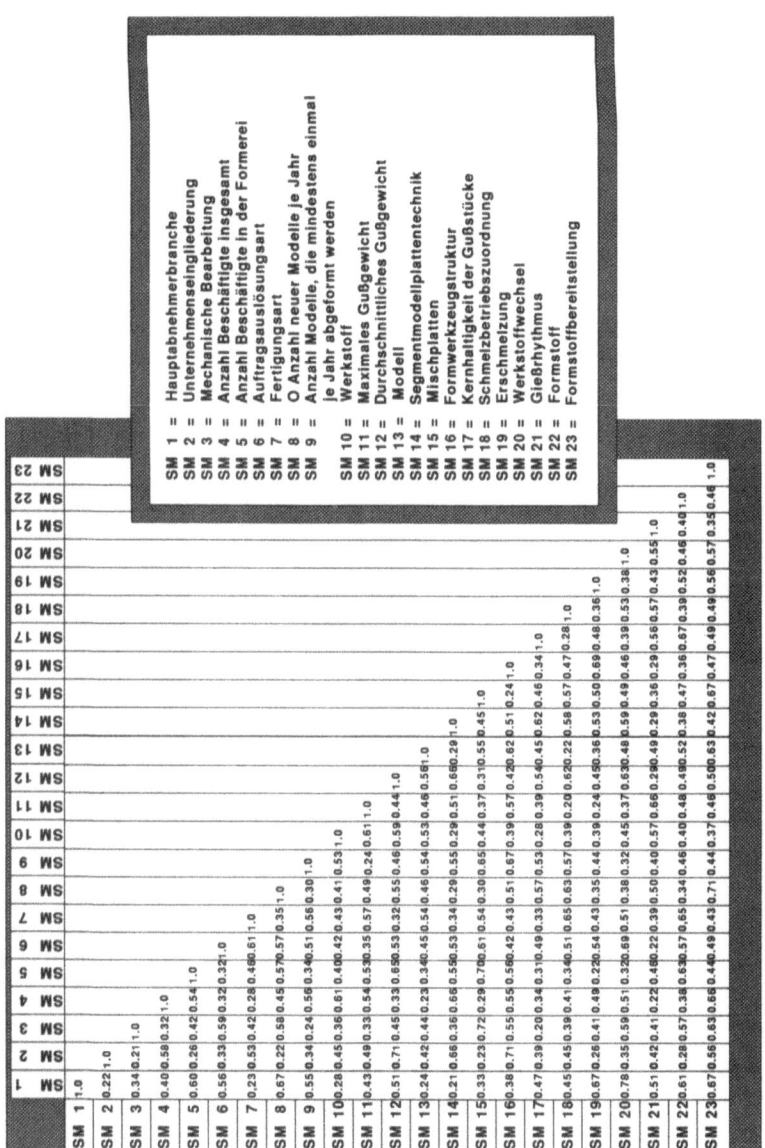

Abb. F-1: Kontingenzkoeffizieneten bei den Situationsmerkmalen.

F-2

Die Kontingenzkoeffizienten zu den PPS- und Ausführungssystemen - Gegenwart und - Zukunft sollen hier aus Aufwandsgründen nicht dargestellt werden. Im Bedarfsfall können diese Werte in der Dokumentation des Forschungsinstituts für Rationalisierung eingesehen werden (vgl. PASSINGER 1990).

Anhang G

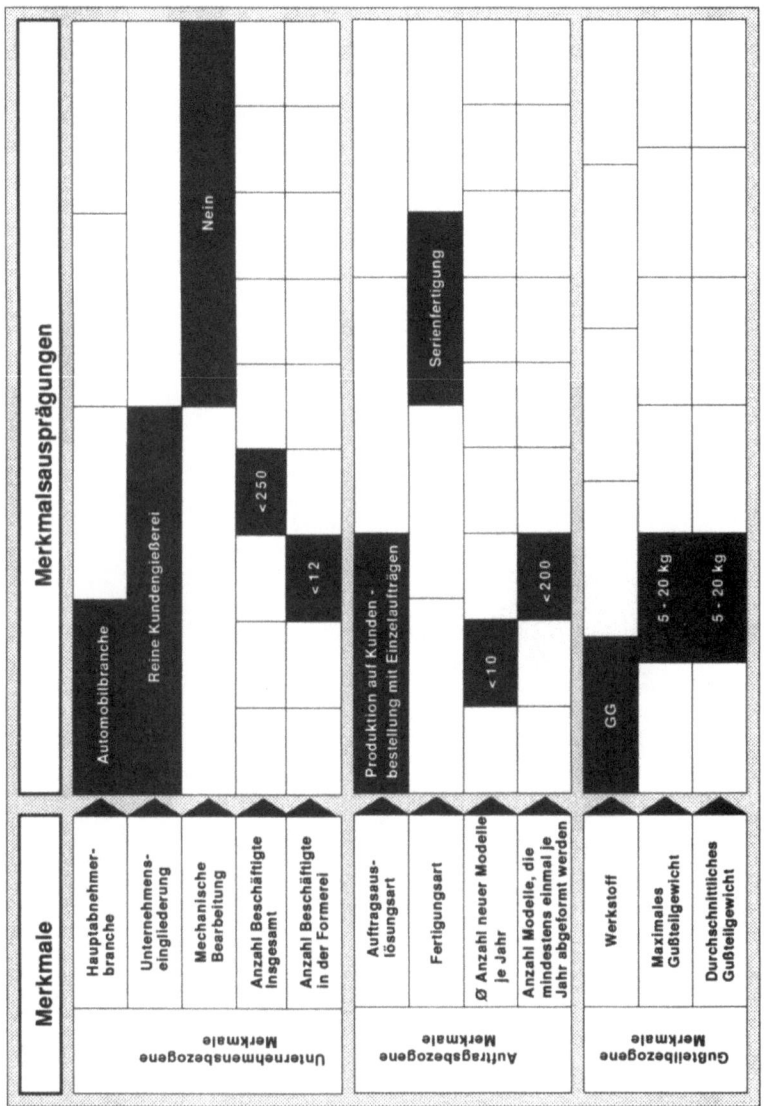

Abb. G-1: Situationsprofil - DISAMATIC (I).

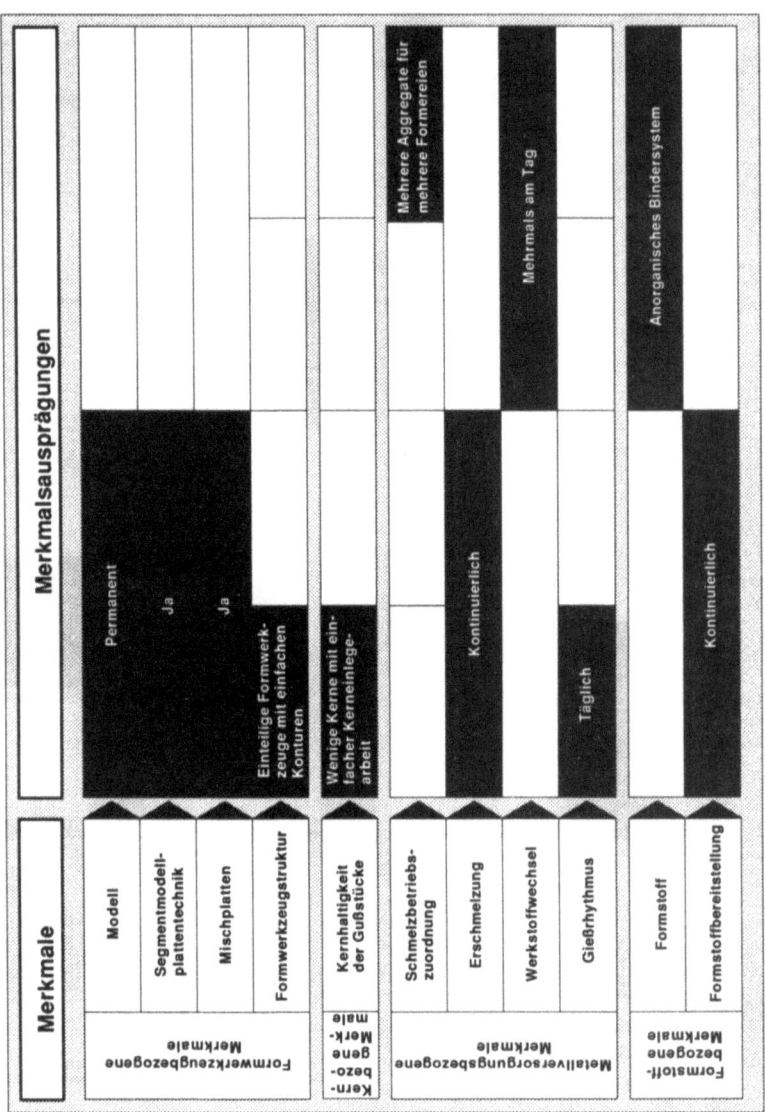

Abb. G-2: Situationsprofil - DISAMATIC (II).

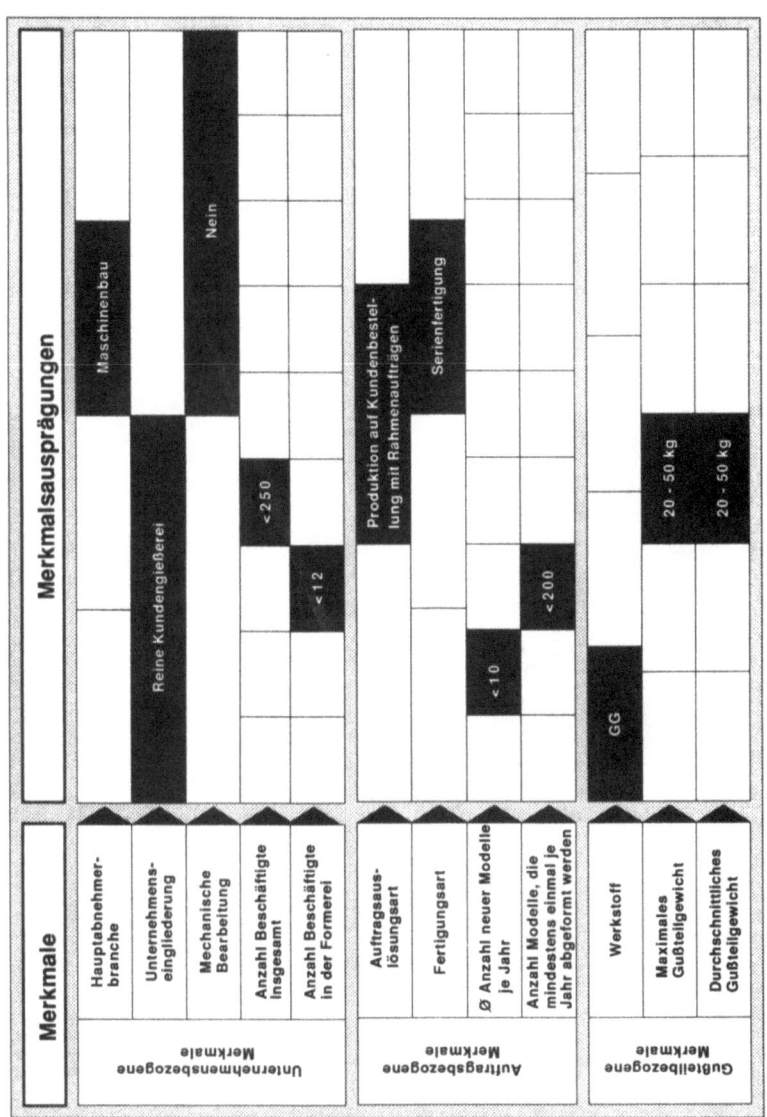

Abb. G-3: Situationsprofil - FORMATIC (I).

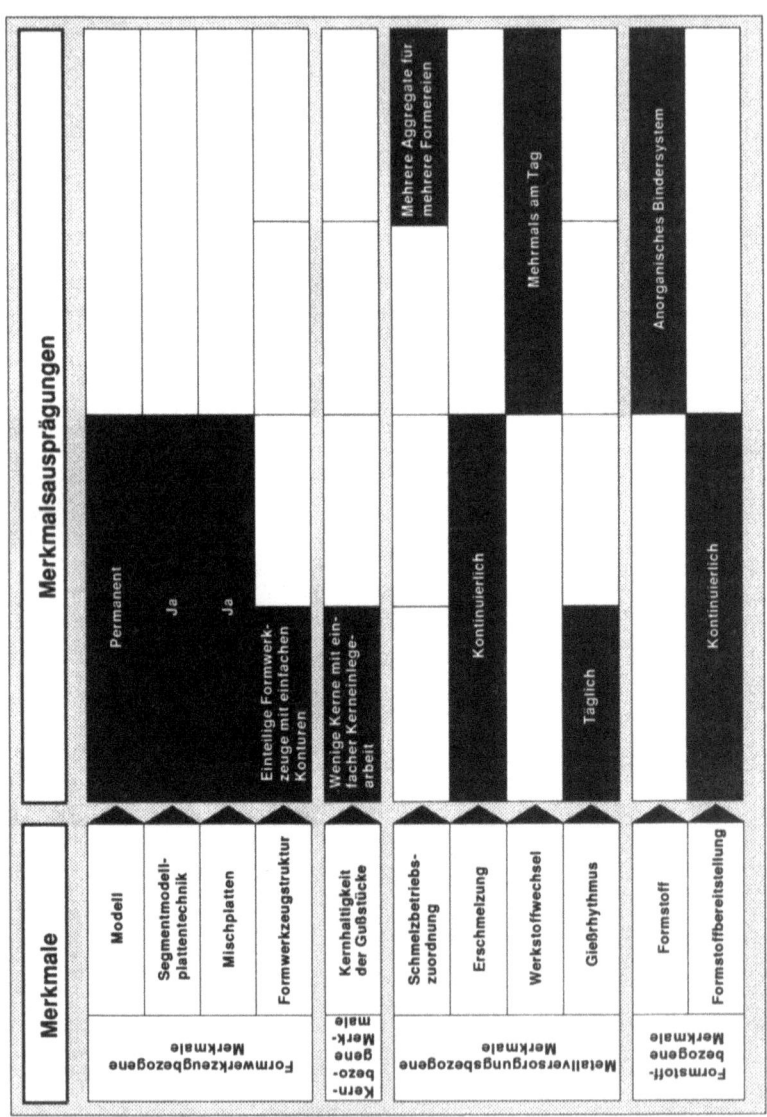

Abb. G-4: Situationsprofil - FORMATIC (II).

G-5

Situationsmerkmale	Korrigierter Kontingenztest	s	SÜ ik zum Situationstyp				SÜB ik zum Situationstyp			
Hauptabnehmerbranche	0,6720	●	2	0	0	1	1,344	0,000	0,000	0,672
Unternehmenseingliederung	0,6791	●	2	2	2	1	1,358	1,358	1,358	0,679
Mechanische Bearbeitung	0,5440	●	1	1	0	1	0,544	0,544	0,000	0,544
Anzahl Beschäftigte (Formerei)	0,5420	●	2	0	0	0	1,554	0,000	0,000	0,000
Anzahl Beschäftigte (insgesamt)	0,7766	●	1	0	2	2	0,542	0,000	1,084	1,084
Auftragsauslösungsart	0,6342	●	2	2	2	2	1,268	1,268	1,268	1,268
Fertigungsart	0,5843	●	2	0	0	2	1,168	0,000	0,000	1,168
Ø Anzahl neuer Modelle je Jahr	0,5543	●	1	1	2	2	0,554	0,554	1,108	1,108
Anzahl Modelle, die mindestens einmal je Jahr abgeformt werden	0,6758	●	1	0	2	1	0,676	0,000	1,352	0,676
Segmentmodellplattentechnik	0,5011	●	1	0	0	2	0,501	0,000	0,000	1,002
Kernhaltigkeit der Gußstücke	0,6342	●	2	2	0	2	1,268	1,268	0,000	1,268
Schmelzbetriebszuordnung	0,6372	●	2	2	0	0	1,268	1,268	0,000	0,000
Gießrhythmus	0,5015	●	2	2	2	2	1,004	1,004	1,004	1,004
Formstoffbereitstellung	0,5342	●	2	1	2	2	1,068	0,534	1,068	1,068
SÜBA $_k$							14,107	7,798	8,956	12,809

⟹ Situationstyp 1 auswählen

Abb. G-5: Bestimmung des Situationstyps für DISAMATIC.

Situationsmerkmale	Korrigierter Kontingenztest	s	SÜ $_{ik}$ zum Situationstyp			SÜB $_{ik}$ zum Situationstyp		
Hauptabnehmerbranche	0,6720	●	2	2	2	1,344	1,344	1,344
Unternehmenseingliederung	0,6791	●	2	2	1	1,358	1,358	0,679
Mechanische Bearbeitung	0,5440	●	1	1	0	1	0,544	0,544	0,544
Anzahl Beschäftigte (Formerei)	0,5420	●	2	0	0	0	1,554	0,000	0,000
Anzahl Beschäftigte (insgesamt)	0,7766	●	1	0	2	2	0,542	0,000	1,084
Auftragsauslösungsart	0,6342	●	1	0	1	0	0,634	0,000	0,634
Fertigungsart	0,5843	●	2	0	0	2	1,168	0,000	1,168
Ø Anzahl neuer Modelle je Jahr	0,5543	●	1	1	0	2	0,554	0,554	0,000
Anzahl Modelle, die mindestens einmal je Jahr abgeformt werden	0,6758	●	1	1	2	1	0,676	0,676	1,352
Segmentmodellplattentechnik	0,5011	●	1	0	0	2	0,501	0,000	0,000
Kernhaltigkeit der Gußstücke	0,6342	●	2	2	2	2	1,268	1,268	1,268
Schmelzbetriebszuordnung	0,6372	●	2	2	0	2	1,268	1,268	0,000
Gießrhythmus	0,5015	●	2	2	2	2	1,004	1,004	1,004
Formstoffbereitstellung	0,5342	●	2	1	2	2	1,068	0,534	1,068
SÜBA $_k$						13,483	8,550	7,844	12,213

Situationstyp 1 auswählen

Abb. G-6: Bestimmung des Situationstyps für FORMATIC.

G-7

Gestaltungs-aspekt	Arbeitsteilung		Ablauforganisatorische Regelung			Automatisierung	Hilfsmittel und Verfahrensprinzip			
Hauptfunktionen	Funktionsveranlassung	Funktionsüberwachung	Funktionsausführung	Ort der Ausführung	Ausführungsfrequenz der Funktionen	Taktbindung	Grad der Automatisierung			
Rüsten	Auf Anweisung	Meister	Gruppenarbeit	Formerei	Mehrmals täglich	Entfällt	Manuell	*Technische Hilfsmittel* Kran		
Formstoffaufbereitung	Entfällt	Entfällt	Entfällt	Entfällt	Entfällt	Entfällt	Entfällt	*Kastengebunden* Nein	*Technische Hilfsmittel* Entfällt	
Formstoffzugabe	In festgelegten Zyklen	Former	Entfällt	Formerei	Mehrmals täglich	Ja	Automatisiert	*Einfüllprinzip* Einschütten	*Modellbeschichtung* Pudern	*Technische Hilfsmittel* Förderband
Abformen	In festgelegten Zyklen	Teilweise mehrere Former	Entfällt	Formerei	Mehrmals täglich	Ja	Automatisiert, manuelle Kontrolle	*Aushärteprinzip* Naßguß	*Verfahren* Automatische Formanlage	*Preßstempel* Entfällt	*Technische Hilfsmittel* Entfällt	*OK-UK eine Station* Ja	*Abformart Trennart* Ja	*parallele Abformen* Ja
Einlegen von Kernen und Teilen	In festgelegten Zyklen	Former (Meister)	Einzelarbeit (Gruppenarbeit)	Formerei	Mehrmals täglich	Teilweise taktvorgebend	Mechanisch unterstützt, teilw. automatisiert	*Ballenzahl je Gußteil* Zwei	*Technische Hilfsmittel* Container, Karre, Förderband, Rollenbahn, Stapler	
Abgießen	In festgelegten Zyklen	Meister	Einzelarbeit (Gruppenarbeit)	Formerei	Mehrmals täglich	Taktvorgebend	Mechanisch unterstützt, teilw. automatisiert	*Dosierüberwachung unmittelbar* Ja	*Ablauf des Gießens* Gießer fix (bewegt), Form bewegt	*Technische Hilfsmittel* Förderband, Kran, Laufkatze, Container	*Vergießeinrichtung Bereitstellgefäß* Gießpfanne, nein (ja)
Abkühlen	In festgelegten Zyklen	Meister	Gruppenarbeit	Formerei	Mehrmals täglich	Ja	Überwiegend automatisiert, teilweise manuell	*Kühlort* Natürliche Konvektion	*Kühlort* Am Vergießort	*Technische Hilfsmittel* Förderband, Stapler

Abb. G-7: Ausführungssystem - Gegenwart.

Ausführungssystemtyp IV - Zukunft

Gestaltungs-aspekt	Arbeitsteilung			Ablauforganisatorische Regelung			Automatisierung	Hilfsmittel und Verfahrensprinzip		
Hauptfunktionen	Funktions-veranlassung	Funktions-überwachung	Funktions-ausführung	Ort der Ausführung	Ausführungs-frequenz der Funktionen	Takt-bindung	Grad der Automatisierung			
Rüsten	Auf Anweisung	Meister	k (b)	g, g / g (b, g)	Formerei	Mehrmals täglich	Entfällt	2 (1)	2 (1)	*Technische Hilfsmittel* Kran
Formstoff-abstützung	Entfällt	Entfällt	0	0	Entfällt	Entfällt	Entfällt	0	0	*Technische Hilfsmittel* Kastengebunden Nein
Formstoffzugabe	Ereignisorient. und in festgelegten Zyklen	Former/ Meister	0 K. Abtr.	0	Formerei	Mehrmals täglich	Ja	4 (3)	4 (3)	*Technische Hilfsmittel* Nein / Einfüllprinzip Einschütten / Modellbeschichtung Sprühen
Abformen	In festgelegten Zyklen	Former FSTHV sonst. entfällt	0	0	Formerei	Mehrmals täglich	Ja	4 (2)	4	*Technische Hilfsmittel* Förderband / Aushärteprinzip Verfahren / Preßstempel Automatische Formanlagen / Technische Hilfsmittel Entfällt / Förderband, Rollenbahn / Abformort eine Station / Trennort / Parallele Abformen Ja / Ja
Einlagen von Kernen und Teilen	In festgelegten Zyklen	Meister oder Former (Abtr.)	t, i	g..i	Formerei	Mehrmals täglich	Taktvor-gebend	2 4	4 (2, 3)	*Technische Hilfsmittel* Ballenzahl je Gußteil Zwei / Ballen zusammenhalten Pressen / Technische Hilfsmittel Stapler
Abgießen	In festgelegten Zyklen	Meister (Gießer)	h 0	h	Formerei	Mehrmals täglich	Ja	3, 2 4	3 (2, 4)	*Technische Hilfsmittel* Ablauf des Gießens Dosierüberwachung unmittelbar / Teilweise / Gießer fix, Form bewegt / Vergießeinrichtungs-Bereitstellgefäß / Stopfenpfanne, nein / Kran, Laufkatze, Rollenbahn
Abkühlen	In festgelegten Zyklen	(teilweise Meister)		i / i	Formerei	Mehrmals täglich	Ja	4 (2)	4 (1)	*Technische Hilfsmittel* Kühlart Natürliche Konvektion / Kühlort Beim Transport / Rollenbahn, Ausdrück-, Rüttelvor-, Förderband, Stapler

Abb. G-8: Ausführungssystem - Zukunft.

Situationsmerkmale	Korrigierter Kontingenztest	s	S_{ij} zum PPS-Typ					SB_{ij} zum PPS-Typ				
			1	2	3	4	5	1	2	3	4	5
Hauptabnehmerbranche	0,6720	●	1	2	2	1	1	0,672	1,344	1,344	0,672	0,672
Unternehmenseingliederung	0,6791	●	3	2	1	1	1	2,037	1,358	0,679	0,679	0,679
Mechanische Bearbeitung	0,5440	●	3	2	2	1	0	1,632	1,088	1,088	0,544	0,000
Anzahl Beschäftigte (Formerei)	0,5420	●	0	5	0	0	0	0,000	3,885	0,000	0,000	0,000
Anzahl Beschäftigte (Insgesamt)	0,7766	●	2	1	2	2	1	1,084	0,542	1,084	1,084	0,542
Auftragsauslösungsart	0,6342	●	2	2	2	1	1	1,268	1,268	1,268	0,634	0,634
Fertigungsart	0,5843	●	1	2	3	2	1	0,584	1,168	1,752	1,168	0,584
Ø Anzahl neuer Modelle je Jahr	0,5543	●	1	2	2	1	2	0,554	1,108	1,108	0,554	1,108
Anzahl Modelle, die mindestens einmal je Jahr abgeformt werden	0,6758	●	3	1	2	1	0	2,028	0,676	1,352	0,676	0,000
Segmentmodellplattentechnik	0,5011	●	1	2	1	3	0	0,501	1,002	1,352	1,503	0,000
Kernhaltigkeit der Gußstücke	0,6342	●	2	2	1	1	1	1,268	1,268	0,634	0,634	0,634
Schmelzbetriebszuordnung	0,6372	●	2	3	1	1	1	1,274	1,911	0,637	0,637	0,637
Gießrhythmus	0,5015	●	1	2	2	2	1	0,502	1,004	1,004	1,004	0,502
Formstoffbereitstellung	0,5342	●	1	2	2	2	1	0,534	1,068	1,068	1,068	0,534
$SPPS_i$							13,404	17,622	13,302	9,789	5,990

PPS-Typ 2 auswählen

Abb. G-9: Bestimmung des PPS-Typs für DISAMATIC.

G-10

Situationsmerkmale	Korrigierter Kontingenz-test	s	S_{ψ} zum PPS-Typ					SB_{ψ} zum PPS-Typ				
			1	2	3	4	5	1	2	3	4	5
Hauptabnehmerbranche	0,6720	●	1	2	2	1	1	0,672	1,344	1,344	0,672	0,672
Unternehmenseingliederung	0,6791	●	3	2	1	1	1	2,037	1,358	0,679	0,679	0,679
Mechanische Bearbeitung	0,5440	●	3	2	2	1	0	1,632	1,088	1,088	0,544	0,000
Anzahl Beschäftigte (Formerei)	0,5420	●	0	5	0	0	0	0,000	3,885	0,000	0,000	0,000
Anzahl Beschäftigte (insgesamt)	0,7766	●	1	2	2	1	1	0,542	1,084	1,084	0,542	0,542
Auftragsauslösungsart	0,6342	●	1	1	2	2	1	0,634	0,634	1,268	1,268	0,634
Fertigungsart	0,5843	●	1	2	3	2	1	0,584	1,168	1,752	1,168	0,584
Ø Anzahl neuer Modelle je Jahr	0,5543	●	1	2	2	1	2	0,554	1,108	1,108	0,554	1,108
Anzahl Modelle, die mindestens einmal je Jahr abgeformt werden	0,6758	●	1	2	1	1	2	0,676	1,352	0,676	0,676	1,352
Segmentmodellplattentechnik	0,5011	●	1	2	1	3	0	0,501	1,002	1,352	1,503	0,000
Kernhaltigkeit der Gußstücke	0,6342	●	2	2	1	1	1	1,268	1,268	0,634	0,634	0,634
Schmelzbetriebszuordnung	0,6372	●	2	3	1	1	1	1,274	1,911	0,637	0,637	0,637
Gießrhythmus	0,5015	●	1	2	2	2	1	0,502	1,004	1,004	1,004	0,502
Formstoffbereitstellung	0,5342	●	1	2	2	2	1	0,534	1,068	1,068	1,068	0,534
SPPS							11,421	19,274	13,694	10,949	8,422

PPS-Typ 2 auswählen

Abb. G-10: Bestimmung des PPS-Typs für FORMATIC.

MIX
Papier aus verantwortungsvollen Quellen
Paper from responsible sources
FSC® C105338

If you have any concerns about our products,
you can contact us on
ProductSafety@springernature.com

In case Publisher is established outside the EU,
the EU authorized representative is:
**Springer Nature Customer Service Center GmbH
Europaplatz 3, 69115 Heidelberg, Germany**

Printed by Libri Plureos GmbH
in Hamburg, Germany